JN295914

農協と加工資本

ジャガイモをめぐる攻防

小林国之

日本経済評論社

目　次

図表一覧　　　　　　　　　　　　　　　　　　　　　　　　　　vii

序章　課題と方法 ………………………………………………………1

    1.　問題の背景と課題　　　　　　　　　　　　　　　　　　　1
    2.　既存研究の整理　　　　　　　　　　　　　　　　　　　　4
       (1)　農業市場論と共販論　4
       (2)　アグリビジネス論　7
       (3)　フードシステム論　9
    3.　本書の分析視角と構成　　　　　　　　　　　　　　　　　10

第1章　馬鈴しょ関連産業の展開と特質 ……………………………15

    1.　食料品製造業の特徴　　　　　　　　　　　　　　　　　　16
       (1)　産業連関表からみた産業別構成の推移　16
       (2)　食料品製造業の業種別特徴　20
    2.　市場構造の変化　　　　　　　　　　　　　　　　　　　　24
    3.　馬鈴しょ関連食料品製造業の特質　　　　　　　　　　　　30
       (1)　冷凍食品産業の海外進出　30
       (2)　スナック菓子産業の変遷　40
    4.　食品加工業における原料調達の特徴　　　　　　　　　　　48
    5.　馬鈴しょ関連産業の現段階　　　　　　　　　　　　　　　51

第2章　十勝畑作農業の展開と農協 …………………………………55

    1.　畑作農業の展開と地域性　　　　　　　　　　　　　　　　57

2. 農協による施設整備とネットワークの形成　59
  - (1) 農協による流通施設整備　61
  - (2) 流通加工施設に関するネットワークの形成　63
  - (3) 十勝農協ネットワークの新展開　69

3. 地域農業の組織化　70
  - (1) 畑作農業における集落機能　70
  - (2) 生産部会による組織化　72

4. 加工用馬鈴しょの生産・流通・加工体制　75
  - (1) 市場構造　75
  - (2) 生産流通体制と農協，食品産業の役割　79
  - (3) 十勝農協連による種増殖事業　85

5. ホクレンによる馬鈴しょ加工事業　89
  - (1) 加工事業の展開　89
  - (2) 食品加工事業　91
  - (3) 新たな展開　93

6. 十勝農業の性格　94

第3章　契約農業と生産組合　…………………99

1. 芽室町農業の概要　100
2. 原料供給体制　102
3. 市場の変遷と生産組合の性格　108
  - (1) 拡大期（1970年代後半～1980年代後半）　108
  - (2) 停滞期（1980年代後半～1990年代中頃）　111
  - (3) 再編期（1990年代後半～現在）　114

4. 地域農業システム化への模索　119
  - (1) ジェイエイめむろフーズによる多元販売の模索　119
  - (2) カルビーポテトによる作業受委託事業　120

5. 契約農業の展開論理　122

目 次

第4章　畑作限界地における地域農業振興と多元販売 …………125

1. 大規模原料畑作地帯の形成　126
2. 農協による生食，加工用馬鈴しょ振興策の展開　130
3. 生産組合から生産部会へ：農協主導性の発揮　137
4. 加工用馬鈴しょにおける多元販売　139
5. 畑作「限界地」における原料供給システム　143

第5章　農協馬鈴しょ加工事業の成立条件と意義 …………147

1. 士幌町農業の概要　148
2. 馬鈴しょ加工事業の展開過程　150
   - (1) 「農村工業」の夜明け（1950年代）　150
   - (2) 寒冷地農業の確立（1950年代後半～1960年代後半）　152
3. 馬鈴しょ加工システムの概要　153
   - (1) でん粉加工から食用加工への転換　153
   - (2) 馬鈴しょ加工システム　157
4. 加工事業収益の還元と組合員組織化　162
5. 地域農業再編と馬鈴しょ加工システムの成立要因　166
   - (1) 農協加工事業の特質と論点　166
   - (2) 馬鈴しょ加工システムの成立要因　169
6. 巨大馬鈴しょコンビナートのゆくえ　175

終章　あらたな協同にむけて …………181

1. 現段階における加工用馬鈴しょの生産流通構造　181
2. 原料供給体制の形成論理　183
3. 協同関係の構築にむけて　186

引用・参考文献　189

あとがき	197
索　引	202

図表一覧

序章
図 0-1　小農による生産を前提とした農産物の原料供給体制の概念図

第 1 章
表 1-1　農林漁業および関連産業の国内総生産
表 1-2　最終消費された飲食費の帰属割合の推移
図 1-1　食料品製造業の事業所数および出荷額の推移
表 1-3　2000 年における食料品製造業の概況
表 1-4　馬鈴しょの世界生産量および貿易量（1996 年）
図 1-2　主要農産物の世界輸出量
図 1-3　日本における馬鈴しょの国内生産量と輸入量の推移
図 1-4　日本における春植え馬鈴しょ生産の推移
表 1-5　馬鈴しょ関連品目の輸入状況
表 1-6　馬鈴しょの用途別仕向量の推移
図 1-5　冷凍食品の国内生産額の推移
図 1-6　調理冷凍食品の国内生産量の推移
表 1-7　大手冷凍食品企業における海外投資状況
図 1-7　日本における冷凍食品消費量の推移
表 1-8　2000 年における冷凍野菜の国別輸入状況
図 1-8　輸入調理冷凍食品の取扱方法
表 1-9　調理冷凍食品輸入高の推移
表 1-10　1999 年における冷凍食品の上位 10 社販売高
表 1-11　馬鈴しょ関連冷凍食品の国内生産の推移
表 1-12　冷凍野菜・輸入通関実績
図 1-9　菓子全体とスナック菓子の販売額の推移
図 1-10　スナック菓子への年間支出額の推移
表 1-13　スナック菓子上位四社の企業別出荷額シェアの推移

表 1-14　スナック菓子の品目別販売の推移
表 1-15　2000 年におけるスナック菓子の市場占有率
表 1-16　1995 年の全国における加工原料用青果物の使用量
表 1-17　全国における加工原料用青果物の仕入先別仕入量
図 1-11　馬鈴しょの加工場種類別仕入量

第 2 章
図 2-1　十勝の地帯区分
図 2-2　十勝支庁における主要畑作物作付面積の推移
表 2-1　畑作物加工における農協系統組織の対応
図 2-3　十勝の農協における有形固定資産額の推移
図 2-4　十勝における製糖工場の状況
表 2-2　北海道におけるでん粉工場数の推移
図 2-5　十勝におけるでん粉工場の状況
表 2-3　十勝における作物別広域取扱実態
表 2-4　十勝における農協生産部会事務局
図 2-6　十勝における農協生産部会の機能
表 2-5　事例農協における生産者組織の概況
図 2-7　支庁別馬鈴しょ作付面積の推移
図 2-8　支庁別馬鈴しょ生産量の推移
表 2-6　北海道における主要作付品種の特性
表 2-7　2001 年における馬鈴しょ生産主要支庁の品種別作付面積
表 2-8　十勝支庁における馬鈴しょの用途別消費実績の推移
表 2-9　十勝支庁における加工食品向け馬鈴しょの用途別消費実績の推移
表 2-10　十勝における馬鈴しょの用途別作付面積（2002 年）
図 2-9　畑作四品に対する馬鈴しょ作付面積の割合
図 2-10　十勝における馬鈴しょ作付の地域性と加工用馬鈴しょの集荷範囲
図 2-11　北海道における加工用馬鈴しょの流通ルート
表 2-11　1964 年の馬鈴しょウイルス病被害状況
図 2-12　十勝における種馬鈴しょ供給の流れ
表 2-12　ホクレン食品加工工場のネットワーク（2002 年現在）

図表一覧

第3章

図 3-1　芽室町における馬鈴しょ生産の推移
図 3-2　芽室町における馬鈴しょの品種別作付面積
図 3-3　芽室町農協の加工用馬鈴しょ販売額（2001 年度）
図 3-4　芽室町における現段階の加工用馬鈴しょ流通と各組織の機能
表 3-1　生産組合の収支状況（2001 年度）
表 3-2　芽室町加工馬鈴薯生産組合およびカルビーポテトの展開過程
表 3-3　カルビーの馬鈴しょに関する事業展開の経緯
図 3-5　芽室町農協加工馬鈴薯生産組合の販売実績の推移
図 3-6　芽室町加工馬鈴薯生産組合の品種別取扱数量
図 3-7　芽室町加工馬鈴薯生産組合員数の推移
図 3-8　カルビーポテトにおけるスナック用原料以外の販売割合
表 3-4　カルビーポテトの概要（2001 年現在）
表 3-5　カルビーポテト向け出荷の価格体系（2001 年度）
図 3-9　芽室町加工馬鈴薯生産組合の組織図（1997 年の改正以前）
図 3-10　芽室町加工馬鈴薯生産組合の組織図（1997 年の改正以後）
表 3-6　芽室町農協における加工事業利益

第4章

図 4-1　更別村における耕地面積および農家戸数の推移
表 4-1　更別村農協における馬鈴しょ関係の展開史
図 4-2　更別村における馬鈴しょ生産の推移
図 4-3　更別村における馬鈴しょ作付面積の推移
図 4-4　更別村における馬鈴しょの品種別作付面積
表 4-2　更別村における規模階層別作付面積
図 4-5　更別村における現段階の加工用馬鈴しょ流通実態と各組織の機能
図 4-6　更別村農協における用途別馬鈴しょ販売高
図 4-7　更別村農協における加工用馬鈴しょ販売
表 4-3　更別村農協における加工用馬鈴しょの出荷先別取扱

第5章

図 5-1　士幌町における馬鈴しょ生産の推移
表 5-1　士幌町農協における主な馬鈴しょ関連施設の概要

図 5-2　士幌町農協における販売高の推移
図 5-3　食品工場製品売上高の推移
図 5-4　士幌町における現段階の加工用馬鈴しょ流通実態と各組織の機能
図 5-5　農協別にみた食用加工用馬鈴しょ原料代（1998年度）
表 5-2　士幌町における馬鈴しょの品種別作付面積
表 5-3　部門別事業利益の推移
表 5-4　十勝の農協における信用事業利回り
表 5-5　販売事業における品目別手数料率
表 5-6　士幌町K集落における階層構成と土地利用の推移
表 5-7　士幌町農協における馬鈴しょの品種別収益反収
図 5-6　士幌町農協における施設投資と資本蓄積
図 5-7　士幌町農協馬鈴しょ加工システムに関する組織の関係
図 5-8　農協別馬鈴しょ障害率
図 5-9　事業総利益および剰余金率の推移

　終章
表 6　事例農協における原料供給体制の特徴
図 6　事例3農協の特徴と位置づけ

序章　課題と方法

1. 問題の背景と課題

　近年の農業グローバリズムの進展とともに，多国籍アグリビジネスが国際農産物市場再編の主役を演じている．そこでのキーワードは「農業の工業化」である．農業の工業化の定義は各論者それぞれであるが，磯田［2002］によると農業・食料の生産・流通システムにおける企業集中と，生産・流通諸段階の結合様式の変化である．品目では生鮮食料品から加工原料への変化，取引形態では市場出荷から契約栽培への変化として現れている．

　この「農業の工業化」，農業への工業論理の適応を進めているのが多国籍アグリビジネスである．アメリカ，EUの国内余剰農産物の輸出を媒介することで力を付けた多国籍アグリビジネスは，「工業的」に生産・集荷された農産物を，国際農産物市場を経由して販売している．加工食品の市場規模は拡大し，また流通技術革新によって生鮮農産物貿易も拡大して，国際農産物市場が形成されてきた．アグリビジネスによる「輸出産業化」した農業は，生産方式も輸出産業に適合した形へと変化した．その方式とは，発展途上国の大規模農場や，先進国の大規模企業的経営における契約農業である．それに対応できない多くの家族経営は，存続の危機に直面している．家族経営の崩壊は地域農業の崩壊へとつながる危険性を有している．

　こうした事態をうけて，アグリビジネスによる市場再編が地域農業，農民，さらには発展途上国の社会経済にあたえる影響への関心が高まっている．

一方，こうした問題意識から日本農業をみると，日本は国際農産物市場の中での輸入国であり，アグリビジネスによる農業の工業化に「対応できない」存在として位置づけられよう．そうしたなかにあって，北海道農業は国内の原料農産物地帯として政策的に位置づけられてきたことから，国際農産物市場に対峙している．北海道の主力品目，なかでも小麦，大豆，砂糖，雑穀などの畑作物は，どれも多国籍アグリビジネスの「得意」な商品である．

北海道の畑作農業は農産物の価格自体は支持政策に守られたもとで，製品市場は早くから国際化されていた．畑作農業は製品市場における国際競争を通じて，農業生産も競争に巻き込まれてきたのである．そうした市場構造のもとで，畑作農業は国内の加工資本と切り結びつつ，密接な関係を築きながら展開してきた．

現在，国際農業資本のもとに農業全体が取り込まれつつある中で，日本においても「資本と農業」との緊張関係の分析は重要な課題となっている．

緊張関係の分析には様々な論点がある．加工資本の行動が市場に与える影響のマクロ的分析や，契約農業の効率性・公平性にかんするミクロ分析などがあるが，本書では，加工資本と農業が直接的に対峙する原料供給の場面に焦点を当てる．そして加工資本の視点から原料調達体制や産地集荷体制を分析するのではなく，農業・農民の視点から見た原料供給体制としてとらえる．原料供給体制がいかなる論理で形成されてきたのか，また，それが地域農業や農協とどのような相互関係にあるのかを実証的に明らかにすることが課題である．

分析対象とするのは，食品加工原料用（以下加工用と略記）馬鈴しょ（ジャガイモ）である．加工用馬鈴しょは小麦や，澱原馬鈴しょ，てん菜などの政府管掌作物とは異なり，自由市場作物である．製糖，製粉資本は原料の集荷範囲や流通などの局面で政府によるコントロールを受けてきたが，加工用馬鈴しょにはそうした政策的規制はない．その意味で，生産者，農協，加工資本との競争，共存関係が剥き出しに表れてきた．

ではここで，加工用馬鈴しょをめぐる市場環境，生産状況について概観し

ておこう．

　日本における馬鈴しょの用途は，澱粉原料用（以下澱原用と略記），生食用，加工用に分けられる．さらに加工用馬鈴しょの仕向先を大きく分けるとスナック菓子，冷凍食品（コロッケ，フレンチフライ），その他非冷凍のコロッケ，ポテトサラダなどとなる．

　1970年代になって作付の中心であった澱原用の需要は停滞し，生食用，加工用への転換がはかられた．加工用は1970年代中頃になって，それまでの冷凍食品中心の需要に加えてポテトチップに代表されるスナック菓子の市場が拡大した．スナック菓子は防疫上輸入が実質的に禁止されてきた生馬鈴しょを原料とするため，国内における加工用馬鈴しょ生産は一挙に拡大した．

　しかし1980年代中頃にはいると，円高の進行により乾燥・冷凍馬鈴しょや馬鈴しょ関連製品の価格が大幅に低下したことで輸入が拡大した．それによりコロッケやフレンチフライなどの冷凍食品市場は再編を迫られ，食品産業の淘汰が行われた．一方，生馬鈴しょを原料とするポテトチップ市場は防疫制度に守られていたために円高の影響は受けなかったが，1980年代中頃から飽和状態を迎えた．さらに1990年代に入って輸入乾燥馬鈴しょを原料とした成型ポテトチップなどのスナック菓子が増加したため国内市場は再編を迫られている．

　そうした状況に対して，食品業界は1980年代後半になって収益確保のために製品アイテムの拡大や生産拠点の海外進出を果たすようになった．食品産業は自らの収益確保のために国境を越えて生産拠点を移動させているが，こうした動きは農産物を加工する高付加価値型のアグリビジネスによる展開として近年注目されている．

　以上のように馬鈴しょをめぐる市場構造および食品産業の変化をうけて，日本の加工用馬鈴しょ生産者はいま転換期を迎えている．加工資本は本質的に流動性を持っているのにくらべて，農民は小土地所有と家族労働力に規定されているため生産の転換は容易ではない．馬鈴しょは用途毎に専用品種が栽培されているため，他用途品種への転換は機械作業体系自体を転換しなけ

ればならない．またほかの作物へ転換するには，現状の作物構成バランスを変えて，輪作体系の維持のため新たな作物構成を取らなくてはならない．このように農家にとって作付転換は容易ではないのである．

さらに近年は農家の高齢化や労働力不足，または経営規模拡大によって，収穫の労働力が確保できずに作付を中止する農家や，澱原用馬鈴しょへ転換する農家も出現しており，国内の加工用馬鈴しょ生産は転換期を迎えている．

以上のことからも今後の馬鈴しょ生産を展望する上で，生産者，農協，加工資本がどのような関係を結んできたのかを実証的に明らかにする必要がある．

2. 既存研究の整理

(1) 農業市場論と共販論

日本における資本と農業に関する研究は農業市場論としておこなわれた．農業市場論は市場を経由した農業と資本の関係を，国家独占資本による市場再編の過程として捉え，農業の装置化，システム化，インテグレーションといった議論を展開した（山田1976，三国1976；1986，吉田1971，宮崎・早川1984）．それらの議論では市場再編が進むにつれて，農民による様々な対応・対抗がみられるが，最終的には農民は資本に包摂されるという論理である．そこでは包摂の主体を「資本」ととらえているが，その現象形態としての加工資本や流通資本自体に関する分析や，資本間の具体的な競争関係の分析は十分ではない．

御園は研究対象を蚕糸業から他の農産物へと拡大しつつ，資本が農業をとらえていく論理について研究を行い，農業市場論の先駆者の1人となった（御園1963；1966）．蚕糸業が農民を把握していく過程が国家にも支援されながらすすんでいく論理を実証的に明らかにした．そこでの農民把握に関する研究は本書の対象とする加工用馬鈴しょにも示唆するところが大きい．

また，農業による包摂の具体的形態として契約農業が注目されている理由

について，御園はそれを「垂直的統合」の一貫をなすもので，資本の側からみて，原料農産物を大量安定的，恒常的に確保するための手段であるとする．そのために集荷組織を形成し，生産過程への介入，系列化を行い品質向上・統一化を果たすことができるためであると整理する．つまり，資本の要請によるものであるという点を第一義としてとらえており，契約農業による「一応の価格安定と技術高度化」や資金や生産手段の前借り等の金融的役割については限定的にとらえている[1]．

また，日本の基本法農政から始まった農業近代化の過程を，資本による農業の包摂の過程として捉えた研究が1970年代に活発に行われた．農業の「装置化」，「システム化」といった議論である．基本法農政のもとですすめられた自立経営の創出が挫折したために，それに代わり農協を核とした地域農業の集団化，巨大化，総合化が目指された．集団化された地域農業は，巨大商社，加工大資本などの独占資本によって，地域ぐるみで掌握・支配される体制に位置づけられたという議論であった[2]．「巨大化した独占の生産力に小農の生産力を流通施設を通して結合しよう」[3]としたものであり，資本による上からの「商品化構造」であるとされた．そのもとで，農民の「事実上の労働者化」がすすみ，自主性の喪失が問題とされた．

稲作におけるライスセンター，酪農ではバルクと直結する牛乳加工工場，畑作では大型保管・選別・加工施設などの整備が契機となって，生産の主体が農民からそれら施設を運営する農協や加工資本などへ移っていった．農業の「装置化」，「システム化」という議論では，形態的には個別経営が存続しつつも，生産手段が実質的に個別経営から剥奪されることで，農民の自主性が奪われていく過程を問題とした．

これら一連の研究は現実に進行している市場再編を把握する理論として大きな成果をあげてきた．しかしこうした議論では農民および農協は，一方的に資本に包摂され，かつ従属するものとしてとらえられた．そのため具体的な農業の包摂の場面において農民や農協がどのような組織的な対応をとってきたのか，という視点からの研究蓄積が必要であった．

そうした国家独占資本による市場再編への対抗の論理として，農民による主体的組織的である共同販売に焦点を当てた共販論に関する一連の研究がある．共販論の分析視角は，資本による上からの商品化ではなく，農民的商品化を展望するというものであり，農民による自主的組織的対応の重要性が指摘されてきた．

共販論は川村［1960］によって展開され，その後『主産地形成と商業資本』のなかでさらに理論の精緻化が行われた．共販論とは，「一定の等しい自然条件の地域では，生産者は小農生産の範囲内で経営規模がほぼ相似ている場合においては，一定の生産物の生産に集中化した地域を作り上げることになる」[4]という地域概念である主産地をベースとして，共同販売方式をとることで小農のままで商品化に対応するという構造が示されたのである．

三島［1977］の整理によれば，共販論とは「市場関係・流通過程からの規定性＝包摂をふまえつつ，小農の市場対応の形態（生産過程・流通過程それぞれにおける）・基本的性格を整理した」もので，そこに小農の対抗的発展の契機を見いだす点では，まさに「「農民的商品化」論そのものである」[5]としている．そうした「農民的商品化論」を現実の要請に応えたものとするための問題提起として，1) 農民主体として零細農民，および不断の動揺・分解にさらされている中農層に問題の焦点を置く，2) 共同出荷を単に商品の大量化による資本主義への対応力・対抗力としてみるのではなく，変革主体形成の観点から意義を見いだす，3) 資本による農業再編の重要な手段となっている流通手段の農民的掌握・運用をはかり，これを農民的ないし民主的市場再編の梃子としていくこと，4) 組織論的問題として系統共販による出荷調整・計画的分化機能の発揮や，専門部会制の検討，5) 全国的な市場体系との関連，以上の5点をあげている．

こうした問題提起は本書でも非常に重要であると考えられる．特に3)に関して，本書でとりあげる十勝畑作地帯は，政策的な流通，加工施設の導入によるいわゆる農業の「システム化」，「装置化」が典型的に進展した地域である．その過程を資本による農業の一方的再編過程としてとらえるのではな

く，そこでの農協，農民の自主的な対応としてとらえるという視点が非常に重要であると考えられる．

　上記のような共販論を現実の要請に応えるものとすべく，論を展開したものに太田原［1976；1977］がある．まず，共販理論のもつ意義として，1) 小農の主体的な対応であるという点，2) 生産過程と流通過程を統一的に把握している点，3) 主産地という地域的概念が中心にすえられている点，4) 地域農業発展の担い手を「等質の生産者」に求めている点，をあげている．太田原は農業の「システム化」，「装置化」の進展のもとにおける具体的な農民的商品化のあり方として，農民的複合経営論を展開している．

　農民的複合経営論の本質は，複合経営自体のもつ有利性を強調しそれのみを生産力として措定した点ではないことが，自らによって述べられている．その意義は農業のシステム化，装置化の進展，大資本主導による「上からの商品化構造」に対して，地域的対応のあり方を農民の自主的取り組みのなかから理論化しようと試みた点にある．現在でもこうした研究姿勢は重要である．

　しかしその後の共販論研究は卸売市場構造自体の把握や，マーケティング論，産地形成論といった研究が中心であった．そこでは卸売市場を前提とした販売戦略や産地形成のあり方が主要な論点であり，必ずしも資本による商品化への対抗としての意義が直接的に意識されてきたとはいえない．農業における加工部門の重要性が決定的に高まっている現在において，「流通過程の現実において，いまの段階であたえられる諸条件のもとで可能な一応の解決の方向として，前面に現れたものと理解すべき」[6]という共販論が持つ根元的な限界の克服，それにむけた農民の組織的対応を実証的に明らかにする必要があろう．

(2)　アグリビジネス論

　資本による市場再編という農業市場論の枠組みを発展させて，世界農業市場の再編主体であるアグリビジネスに焦点を当てた研究が90年代頃から活

発におこなわれている．多国籍アグリビジネスの行動論理と，それによってもたらされる社会経済的問題のメカニズムを解明しようというものである．

アグリビジネス論では，アグリビジネスによる農業の垂直的統合の形態（契約農業，直営農場化など）と，それが地域農業や農民層に与える影響などについて分析されている．契約栽培については，特に途上国において農村の閉鎖性の打破や農民の陶冶につながり，資本にとっても直営農場などにくらべて着実に利益が得られる，としてアグリビジネスと農民双方にとって肯定的なものとして評価するという理論がある（グローバー＆クラスター 1992）．一方で，契約栽培に代表されるアグリビジネスの行動が途上国の貧困，飢餓問題をもたらしているという分析もなされている（中野 1998）．

農業の工業化が進むにつれて，アグリビジネスと農業との結びつきは品目で見ると生鮮食料品から加工原料としての変化となって現れ，契約形態で見ると，市場出荷から契約栽培として現れている[7]．農業への資本の直接投資を妨げていた「自然過程の制御に要する時間的・空間的な不自由さ」が，「専有主義（appropriationism）」と「代替主義（substitutionism）」という手段によって克服され，資本による農業の包摂が進んでいることが指摘されている[8]．

アグリビジネスは原料調達手段として，直営農場など生産に直接関与するよりも，経営管理契約，販売契約によって生産を農民に担わせる．それにより企業としては生産の変動に直面することなく着実に利潤を獲得しようとするのである．一方，農民は原料供給の場面にくわえ，技術開発を契機とした農業資材の需要者としての場面という両面から，アグリビジネスの「所有権を持たずに支配する」というリスクをともなわない手段によって，管理のもとに置かれるようになっていることが分析されている．

日本農業については，国際農産物市場において輸入国として位置づけられていることから，アグリビジネス論的接近は少ない．しかし，国内農業においても食品産業との関わりはますます深まっており，それらとの関係を明らかにすることは重要である．また，市場流通から市場外流通のウエイトが高

まり，市場流通においてもセリから相対取引が主流となり，契約栽培が重要性を増している．契約栽培は加工資本や量販店にとっては一定品質の原料の安定的確保という要請を満たし，また生産者サイドにとっても安定的な販路確保という意味をもっている．このように契約栽培に関する分析は今日の重要な課題である．従来の農協共販体制のなかで，契約栽培がどのように位置づけられるのか，という点は重要な研究課題である．

(3) フードシステム論

　農産物流通における加工資本，量販店などの役割が高まるにつれて，農業サイドのみではなくそれらの川下，川中も分析対象とした研究が活発になっている．日本ではフードシステム論として一連の研究がなされている．フードシステム論は川上から川下に至る過程で機能している各主体間の関係を，市場を経由した関係や同一企業内の組織内関係としてではなく，組織間の関係としてとらえる．高橋正郎［1997］によると，同業種間の「ヨコ」の関係にくわえて異業種間の「タテ」の関係を重視する．それを従来の農民対資本の関係，弱者と強者の搾取関係として捉えるのではなく，主体間関係の内容とその構造的変化を客観的にとらえながら，そこに潜む課題を「あえていえば消費者の立場に立った食糧問題の観点」から解明する，という視点をもっており，農産物市場論において強調された対抗関係からの転換を図っている．
　フードシステムは「ダイナミックに変動するもの」としてとらえられており，その変動の要因は「消費者のニーズ」，「技術革新」，「ビジネスチャンスに果敢に挑戦する企業行動」，「政府の制度，政策」とされている．
　このように組織間関係の矛盾がシステム全体にどのように影響し，どのような組織間関係を築くのか，という分析視角は重要である．しかし，組織間で発生する矛盾の調整結果が各主体に対してもつ意味をどのように解釈するのかという点は，システム全体としてとらえるという視点のため等閑視されがちである．また，評価基準が消費者の視点におかれているため，そうした矛盾が農民の再生産や，地域農業に対してどのような影響を与えるのかとい

った視点からの分析は重要であろう．

3. 本書の分析視角と構成

　本書の課題は，農産物の加工資本に対して農民がいかなる原料供給体制を形成してきたのか，その論理を実証的に明らかにすることにある．原料供給体制とは，ある一定の地域の中で小土地所有と家族労働力に規定されながら原料農産物を生産している農民が，収益最大化を実現するため絶えず流動する加工資本に対して，原料の商品化のため生産，流通，加工過程においてとりうる組織的な対応のことである．農民の主体的取り組みとしてとらえるという意味で加工資本の原料調達体制とは異なる．共販論が主として卸売市場に対して，生産，流通過程における組織的取り組みを行うことで農産物の商品化を行うための理論であるのに対して，加工資本を相手に生産から加工過程にわたって組織的対応を行うという点を強調したものであり，その意味で共販論の延長線上の概念である．

　こうした組織的対応の形態は，対応主体としての農民が存立している地域の自然的条件，社会的条件によって異なる．共販論は等質的な農民層をその担い手とすることから，地域農業という視点を持っている．本書では地域農業の自然的・社会的条件の違いをベースにしながら，資本と農業との関係を議論する．農業のグローバル化との関連でも，重要な視点となっている[10]．グローバル化するアグリビジネスが農業を捉える際にも，地域農業の自然的・社会的条件が影響すると考えられるからである．

　ではどのような組織的対応がなされるのか，その形態は，川上から川下における加工資本と農民との機能分担から，図0-1のような関係を考えることが出来よう．原料供給体制は，加工資本主導のものから，農民主導のものまで考えられる[11]．縦軸に示したフードシステムの機能を担う主体には付加価値とリスクの両方が帰属することになる．加工資本主導の最たるものは直営農場である．直営農場では生産から加工まですべての意思決定を加工資本主

```
                    小農に帰属する付加価値とリスク
        ┌───┐ ◄─────────────────────────────► ┌───┐
        │ 低 │                                    │ 高 │
        └───┘                                    └───┘
```

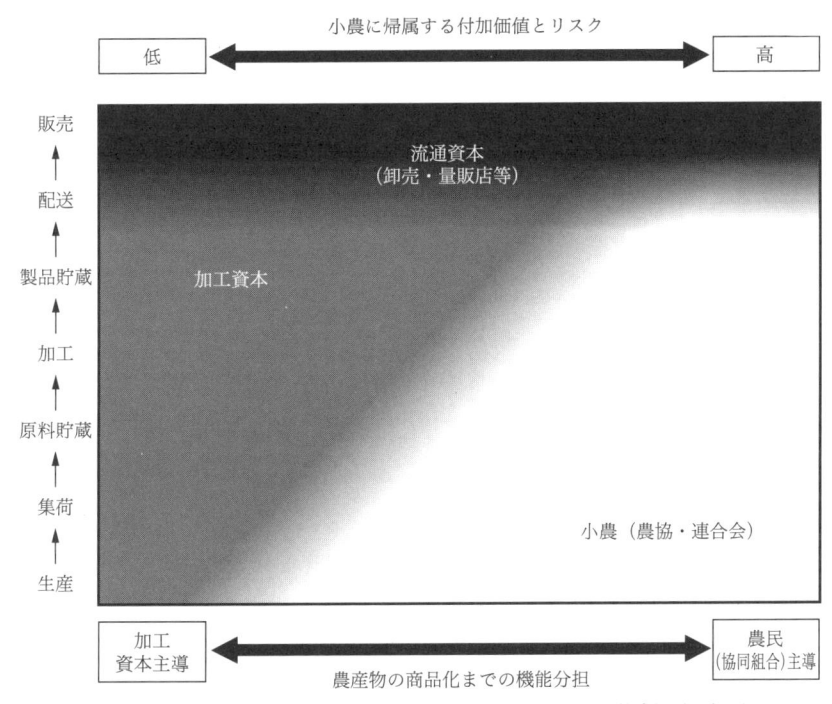

販売
 ↑
配送
 ↑
製品貯蔵   流通資本
 ↑   (卸売・量販店等)
加工   加工資本
 ↑
原料貯蔵
 ↑
集荷   小農（農協・連合会）
 ↑
生産

```
        ┌────┐                                   ┌──────┐
        │ 加工│                                   │ 農民 │
        │資本主導│ ◄─────────────────────────► │(協同組合)主導│
        └────┘      農産物の商品化までの機能分担      └──────┘
```

図 0-1　小農による生産を前提とした農産物原料供給体制の概念図

導で行う．農民主導の最たるものは農民，農協加工事業であろう．それらを両極として様々な形態が考えられるのである．その形態においては，農民，加工資本が担う機能に応じて，付加価値とリスクの配分が行われる．農民が生産過程のみで組織的対応を行う場合は，生産したものを直接加工資本へと出荷するということになる．その場合はリスクは少ないが獲得する付加価値も小さい．一方，農民が農協などを組織して流通，加工過程において組織的な対応を行う場合は，より多くの機能を果たすにつれて帰属する付加価値，リスクともに大きくなるという関係にある．本書ではこうした機能分担に伴うリスクと付加価値との関係，そこでの組織的対応についてあきらかにする．

　対象とするのは北海道十勝地域における加工用馬鈴しょとその関連産業であるスナック菓子産業である．上記の課題に答えるために，まず第1章では

馬鈴しょの市場構造の特質および馬鈴しょ関連の食料品製造業，とくにスナック菓子産業および冷凍食品産業の展開過程と現段階的特徴を分析する．また，日本における加工用青果物の流通状況に関する統計整理を行い，馬鈴しょの位置づけを行う．

第2章では，日本を代表する原料用畑作物の産地である十勝農業の形成過程を農協の果たした機能を中心に明らかにする．そのうえで主産地十勝における加工用馬鈴しょの生産，流通，加工体制の全体像を明らかにする．

そうした全体像の把握をうけて，以下の3つの章ではそれぞれ自然的・社会的条件の異なる3つの地域の事例をもとにして，農民，農協，加工資本が，時に協力し，時に格闘しながら形成してきた原料供給体制を明らかにする．

事例地は，第3章では十勝の畑作優等地である芽室町をとりあげる．芽室町は加工資本と一体となり加工用馬鈴しょを展開させた．そこでは契約栽培農業が市場構造の変化によってどのような影響をうけるのか，その際の地域農業に与える影響について明らかにする．

第4章では限界地といわれる更別村をとりあげる．更別村では農協主導によって早期から加工用馬鈴しょへの転換を図ってきた．限界地に位置していることが，地域農業の組織化へと結びつき，農協による主体的な原料供給体制が形成されていることを明らかにする．

第5章では農協加工事業で全国的にも有名な士幌町をとりあげる．士幌町農協はでん粉工場からはじまった加工事業の長い歴史を有している．でん粉から加工食品へと発展してきた農協の加工事業を成立させている様々な要因について明らかにする．

終章では各事例の歴史的現段階的意義と限界を整理し，加工資本の展開とそこでの農協による原料供給体制の形成論理について明らかにし，農協と加工資本の新たな協同関係の構築に向けた課題を明らかにする．

注
1) 御園 [1966] 187頁．

2) 井野 [1996] 174 頁.
 3) 三国 [1976] 235 頁.
 4) 川村 [1960] 20 頁.
 5) 三島 [1977] 224 頁.
 6) 川村 [1960] 368 頁.
 7) 磯田 [2002].
 8) 久野 [2002] 21 頁.
 9) 磯田 [1986] 43 頁.
10) グローバル化するアグリビジネスに関する研究手法を整理したものに，立川 [2003] がある．現在の研究をフードレジーム・アプローチ，フードネットワーク・アプローチ，フードシステム・アプローチ，の3つに整理している．なかでも，フードネットワーク・アプローチの重要な視角は，グローバル化の進展は地域ごとに異なった影響を与えていることを注意し，主体自らが自らの環境に対してその構造変動や動態的な変化への契機を与える点を重視している点である．
11) 現在，フードシステムにおける川下の主導性が強まっている．流通資本がプライベートブランドなど生産過程にまで進出することで，流通資本主導というものも考えることが出来る．農民，加工資本に加えて流通資本までも視野に入れた分析を行うことも重要であると考えられる．これは今後の課題である．

第1章　馬鈴しょ関連産業の展開と特質

　われわれの身の回りには，馬鈴しょを原料とする食品があふれている．ゆでた馬鈴しょにバターを付けてそのまま食べる粉ふきいもは，そのまま北海道の大地を連想させる．それを食べる機会は少ないが，調理をしたものはどうか．フレンチフライにポテトチップ，毎日とはいわずとも，頻繁に口にするのではないか．そのほか，ポテトサラダ，コロッケ．粉になれば片栗粉である．肉じゃがなどはお袋の味としてすっかり日本の家庭料理の定番である．
　アンデスの高地で生まれ，コロンブスがヨーロッパ大陸に持ち帰った馬鈴しょは，面積あたりの人口扶養力が高いことから，貧しい農民たちにとっての貴重な食料として，また，時の権力者にとっては労働力を安価に再生産することのできる手段として，徐々にヨーロッパに普及していった．日本に伝えられたのは，1600年代初頭，オランダ船によってジャワ島のジャカルタからつたえられた．ジャガタライモ，これがジャガイモの語源といわれる．冷害，飢饉に強い作物である馬鈴しょは，日本においても1754年の四国の宝暦飢饉，1783年北陸と東北をおそった天明飢饉などを契機に認知されるようになったといわれている．
　日本における本格的な普及は北海道開拓による．寒冷地作物として馬鈴しょは重要な役割を果たした．開拓史や札幌農学校などによって欧米から優良品種が導入され，国の奨励の下で，食用，焼酎醸造用，でん粉製造用として生産された．現在も馬鈴しょの代名詞となっている「男爵」は，1908年に川田龍吉男爵が輸入し北海道七飯村で栽培した品種である．日本への登場からすでに100年近くが経っているが，いまだに人気を博しているまれにみる

ロングセラーである．

　馬鈴しょは，すでにみたように，生食用のみではなく様々な加工品の原料にも適している．そのことから，馬鈴しょと加工資本との関係は切っても切れないものである．古くは主としてでん粉原料として利用されてきたが，近年では様々な食品に加工されていることはすでに述べたとおりである．馬鈴しょを原料として利用する馬鈴しょ関連産業には大きくわけて，主として加工原料として利用されるでん粉を製造する素材型産業といわれるでん粉製造業，コロッケやスナック菓子，ポテトサラダなど直接消費される製品を製造する加工型といわれる冷凍食品製造業，スナック菓子製造業，調理食品製造業などがある．本書は冷凍食品，スナック菓子，調理食品製造業を分析の対象とする．これらは70年代に入ってから成長を開始し，現在では加工用馬鈴しょの用途として重要な位置を占めるに至っているからである．

　本章は馬鈴しょ関連のスナック菓子産業及び冷凍食品産業の展開過程，市場構造の特質について明らかにすることを課題としている[1]．

　従来の食品産業に関する研究では，食品産業全体の展開過程を日本資本主義の発展過程と関連させながら分析するものが主流であり，製粉業，乳業，製糖業などが対象とされてきた．馬鈴しょ関連産業では，でん粉製造業が統計的に整備されていることもあって主な研究対象とされてきたが，冷凍食品，スナック菓子産業に関しての研究はほとんどなされていない．本章では，その展開過程を明らかにすることはもちろん，統計的な整理も行う．

1.　食料品製造業の特徴

(1)　産業連関表からみた産業別構成の推移

　国民経済が発展し，1人あたりの実質所得水準が上昇するにともなって，国民経済における農業の位置が低下する現象を表現した「ペティの法則」は，1690年にウィリアム・ペティよって書かれた『政治算術』のなかで指摘され，その250年後の1940年にイギリスのコーリン・クラークによって統計

第1章　馬鈴しょ関連産業の展開と特質

的に実証された法則である．多くの国における実際の経済発展がこの法則の妥当性を証明しているが，他の国の例を用いるまでもなく，戦後におけるわが国の「奇跡的」な経済発展と，表裏としての農業の縮小後退を思い浮かべれば容易に理解できる．

　これは1国経済における産業の主役が第1次産業から第2次，第3次産業へと移っていくことを示しているが，それと関連して農業という食料生産部門の内部でも，農業生産から食品加工業といった第2次産業や外食産業，流通業といった第3次産業の割合の増加として現れている．加工業もより高次な加工へ，外食産業も中食など多様な形態へと変化している．

　そうした変化を概括的に把握するために，農林漁業および関連産業の国内総生産額をみてみよう．資料の制約からまずは90年から95年の5年間の変化である．表1-1は5年おきに発表されている「産業連関表」を農水省が農林水産業に関する部門を再整理した「農林漁業・食品工業を中心とした産業連関表」から作成したものである．

　これによると，90年における農林漁業および関連産業の合計額は50兆5,260億円であり，構成では関連流通業が15兆9,850億円（全体に対する構成比31.6%）と最も大きく，ついで農林水産加工業の13兆4,540億円（同26.6%），そして農林水産業の10兆1,460億円（同20.1%）となっている．

　95年には全体で58兆5,480億円へと13.5%の伸びを示しているがその内訳を見ると，流通業は20兆9,970億円へ31.4%もの増加を示し，構成比も35.9%と拡大している．加工業は15兆670億円と12.0%の増加にとどまり構成比は25.7%とほぼ横ばいである．農林水産業は8兆8,530億円へ12.7%の減少を示し，構成比も15.1%まで低下している．以上のように全体では流通業の増加，加工業の停滞，農林水産業の縮小という傾向が見られる．

　こうした産業規模の変化を，視点を変えて消費者の支出から見てみよう．表1-2は消費者が飲食費として支出した金額が，どの産業にどの程度帰属したのかを示したものである．この表は75年から95年まで20年間の変化を消費者支出の面から知ることができる．これによると飲食費合計は75年の

表 1-1 農林漁業および関連産業の国内総生産

(単位：10億円、%)

	1990 生産額	1990 構成比	1995 生産額	1995 構成比	伸び率 1995/1990	寄与率 1995/1990
農林水産業	10,146	20.1	8,853	15.1	△12.7	△16.1
農　　業	7,842	15.5	6,775	11.6	△13.6	△13.3
林　　業	741	1.5	777	1.3	4.9	0.4
漁　　業	1,563	3.1	1,301	2.2	△16.8	△3.3
農林水産加工業	13,454	26.6	15,067	25.7	12.0	20.1
食品工業	12,307	24.4	13,930	23.8	13.2	20.2
非食品工業	1,147	2.3	1,137	1.9	△0.9	△0.1
資材供給産業	517	1.0	583	1.0	12.8	0.8
関連投資	1,726	3.4	2,245	3.8	30.1	6.5
飲食店	8,697	17.2	10,803	18.5	24.2	26.3
関連流通業	15,985	31.6	20,997	35.9	31.4	62.5
商　　業	14,199	28.1	18,969	32.4	33.6	59.5
運輸業	1,786	3.5	2,028	3.5	13.5	3.0
小　計	50,526	100.0	58,548	100.0	15.9	100.0
全産業	428,609	—	485,827	—	13.3	—

資料）農林水産大臣官房調査課「農林漁業・食品工業を中心とした産業連関表（平成7年表）」平成11年11月より作成．

注）寄与率は、関連産業計の増加額に対する各産業分野の増加額の割合である．

31兆5,200億円から95年には約2.5倍の80兆3,860億円まで増加している．

産業別にみると、食用農林水産物は75年の9兆7,200億円から85年には13兆340億円まで増加したが、それをピークにその後減少して95年には11兆3,430億円となっている．構成比としては、一貫して減少しており75年には30.8%ともっとも大きな割合を示していたのが95年には14.1%まで低下している．

食品工業は75年から90年までは5年ごとにほぼ4〜5兆円規模が増加してきたが、95年になってその増加にややかげりが見え始めており、25兆8,180億円となっている．構成比としては90年に最高の34.2%となり、他の産業のなかで最も高い割合を示したが、95年になって32.1%とやや低下している．

飲食店は75年時点で4兆7,290億円であり構成比としても15.0%と最も

第1章　馬鈴しょ関連産業の展開と特質　　　　　　　　　　19

表 1-2　最終消費された飲食費の帰属割合の推移

(単位：10億円，％)

	1975	1980	1985	1990	1995	1975	1980	1985	1990	1995
食用農水産物	9,720	12,264	13,034	12,738	11,343	100.0	126.2	134.1	131.0	116.7
国　産	8,592	11,000	11,378	11,606	10,298	100.0	128.0	132.4	135.1	119.9
輸　入	1,128	1,264	1,656	1,132	1,045	100.0	112.1	146.8	100.4	92.6
食品工業	8,976	14,335	19,041	23,310	25,818	100.0	159.7	212.1	259.7	287.6
国　産	7,682	12,427	17,258	20,535	22,657	100.0	161.8	224.7	267.3	294.9
輸　入	1,294	1,908	1,783	2,775	3,161	100.0	147.4	137.8	214.5	244.3
飲食店	4,729	7,682	10,364	12,576	15,360	100.0	162.4	219.2	265.9	324.8
関連流通業	8,095	12,546	15,543	19,512	27,866	100.0	155.0	192.0	241.0	344.2
合　計	31,520	46,830	57,982	68,135	80,386	100.0	148.6	184.0	216.2	255.0
食用農水産物	30.8	26.2	22.5	18.7	14.1					
食品工業	28.5	30.6	32.8	34.2	32.1					
飲食店	15.0	16.4	17.9	18.5	19.1					
関連流通業	25.7	26.8	26.8	28.6	34.7					
合　計	100.0	100.0	100.0	100.0	100.0					

資料）　農林水産大臣官房調査課「農林漁業・食品工業を中心とした産業連関表（平成7年表）」
　　　平成11年11月より作成．
注）　上段左が実数，上段右が75年を100とした指数，下段が構成比である．

　低い割合となっていたのが，90年には食用農林水産物と同じ規模となり，95年には15兆3,600億円で19.1％を占めるまでになっている．

　最後に関連流通業は75年には8兆950億円で構成比26.8％であった．90年までは構成比をほぼ変えずに推移してきたが95年になって27兆8,660億円と一挙に34.7％まで拡大している．

　このように，現在流通業の占める割合が増加していることが特徴で，農業への価格影響力としては，食品産業よりも流通業の方が大きいことが指摘されている[2]．

　以上みてきたように，75年当時，食用農水産物と食品工業，関連流通業がほぼ3割を占めていた段階から，85年までは食用農水産物がやや構成比を低下させながらも，全体の額としては増加してきた．それが85年以降，日本経済が構造調整という大きな転換期を迎えたのを契機にして，食用農水産物へ帰属する部分が割合，絶対額ともに縮小局面に突入した．その一方で

主役は90年食品工業，95年関連流通業へと移っている．日本の農業が後退局面にあるといわれるが，価値の分配からみると，全体の飲食費は着実に増加しているなかで，帰属の主役が第1次産業から第2次産業，第3次産業へと移行しているといえるのである．

またおなじく「農林漁業・食品工業を中心とした産業連関表」から，95年における飲食費の最終的支出の内訳をみると，加工品への支出が50兆円で全体の62.2%を占めており，ついで外食が23兆円，生鮮品等は6兆6,590億円（8.3%）にとどまっている．現在農産物関連で支出される金額のうちその9割近くまでが加工資本及び外食産業へと支払われているのである．このように農業における第2次，第3次産業の役割は決定的に重要になっている．

(2) 食料品製造業の業種別特徴
1) 全体動向

戦後における日本の食料品製造業の展開過程は，飯澤［2001］および岡田［1998］の整理をもとにすると大きく4つの時期に区分される[3]．第1期は，戦後から1960年代前半までの第1次高度経済成長期までである．この時期は「戦後段階形成期」とよばれ事業所数と事業者数の増加に特徴づけられる．

第2期は60年代後半から70年代前半のオイルショック時期までであり，第2次高度経済成長期にあたる．「戦後再編第1期」とされ，「中小企業近代化促進法」体制のもとで事業所数の明らかな減少がみられる．事業所および事業者あたりの出荷額は増加しているが，いまだにその零細性を打破する段階には達していない時期である．この時期の特徴としては第1に原料の海外依存，第2にそれにともなって独占化，系列化の進展，第3に製粉工場における「山工場」の衰退と「海工場」の形成にみられる地域的再編によって，地場産業的な零細企業の衰退が原料の海外依存と労働力の流出によってすすんだ[4]．

1966年には日本経済調査会によって「わが国産業の国際競争力―食品工

業」が出された．このねらいは「国際分業論の視点からの原料・資本両面での徹底した自由化の促進」のみではない．大手資本の独占支配強化，総資本の立場からの農業近代化，食料供給合理化をもねらいとしたものであった．そして60年代後半には総合商社を主導とした外資導入，コンビナート化，流通再編などが進められたのである[5]．

　第3期は70年代中頃から80年代前半までの低成長期であり，引き続く「中小企業近代化促進法」のもとに進められた再編に，オイルショック以降の低成長経済が拍車をかけた「戦後再編第2期」である．零細層を中心とした脱落の反面で，資本装備率が低く新規参入障壁が低いということから大量の参入があり，そうした「没落と簇生の交錯」の結果として事業所数は漸減となっている．この時期の食品産業の特徴として製糖，製油，飼料などの素材型業種が設備過剰と不振であり，対照的にインスタント，スナック，冷凍および外食産業等の加工型業種が伸張した[6]．

　食料品製造業全体としては特に北海道においては，「いち早く「合理化」，「減量経営」を進めえた大規模層（資本金で10億円以上：引用者注）と，それ以外の層との間の格差が，収益格差，蓄積条件格差として，最近，大きく拡大してきている」[7]．中小規模層の立脚基盤であった低賃金構造も，賃金格差の縮小によって崩れ「中小零細資本の存立基盤は大きく掘り崩され，その展開条件はますます狭隘化しつつある．こうしたことは，今後，中小零細資本の脱落を主内容とする分化・分解，再編成のいっそう激烈な展開を予想させるものであり，その対極での大手資本の支配の強化を予想させるものである」．

　第4期が80年代中頃から現在に至るまでの時期で，ガットウルグアイラウンド交渉に端を発した輸入自由化が進展し，それとともに国内食料品製造業の資本輸出が拡大した「戦後再編第3期」といえよう．日本の食料品製造業資本の海外直接投資は，71-80年度期には合計5億ドル水準であったのが，81-85年度期に5億ドル，86-90年度期に30億ドル，91-95年度期には42億ドルと推移した．さらにその投資先地域もアメリカ主体から，アジア，ヨ

ーロッパ,そして 90 年代に入って牛肉などの対日輸出拠点として注目され
たオセアニアが比率を増している[8]．

では工業統計表によって上述した食料品製造業の展開について簡単にみて
みよう[9]．図 1-1 で事業所数の推移をみてみよう．第 1 期において急激に増
加した事業所数は，製造業全体が 80 年まで増加しているのに対して 65 年か
ら減少している．とくに 80 年から 85 年にかけての戦後再編第 2 期には他の
製造業と同じく急激にその数を減らしており 5 年間で 77,551 から 46,296 と
なっている．その後は景気の変動によって年ごとに増減を繰り返しながら全
体として漸減傾向にある．

そうした事業所数と出荷額の関係を同じく図 1-1 からみると，出荷額は第
1 期から第 2 期にかけて急激に増加しており，60 年の 3 兆 8,792 億円から 80
年には 22 兆 3,123 億円となっている．その後第 3 期にはいると，出荷額自
体は横ばいとなるが，製造業全体と比較してやや安定的に推移している．こ

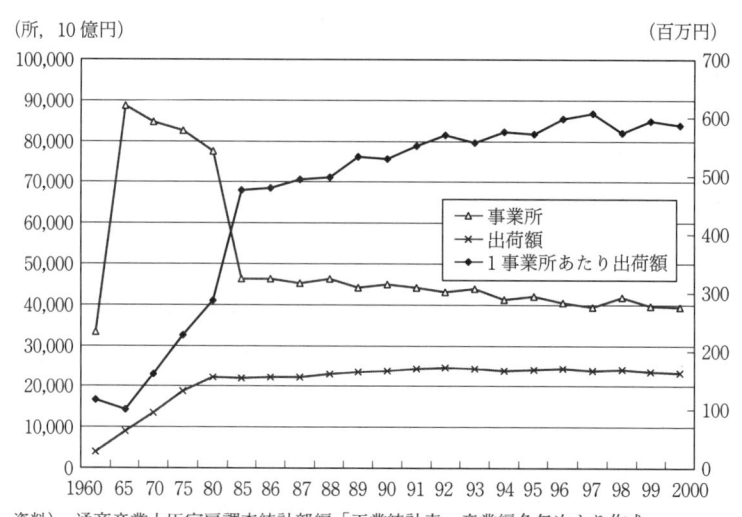

資料）通商産業大臣官房調査統計部編「工業統計表」産業編各年次より作成．
注 1）事業所数，出荷額は左軸，1 事業所あたり出荷額は右軸．
　 2）出荷額は 95 年を 100 とした加工食品の卸売物価指数でデフレートした．

図 1-1　食料品製造業の事業所数および出荷額の推移

うした好不況の影響が小さい点が食料品製造業の特徴でもある．事業所数が減少したことによって1事業所あたり出荷額は増加し，その後も92年頃まで，出荷額および1事業所あたり出荷額ともに漸増しているがその後は出荷額が漸減となり，とくに90年代後半になって1事業所あたりでも減少している．

2) 業種別特徴

業種別の動向についてみてみよう．まずは表1-3によって各業種の特徴を事業所数，出荷額，1事業所あたり出荷額からみてみよう．出荷額として多いのはその他食料品，畜産食料品，パン・菓子，水産食料品で，これらは出

表1-3 2000年における食料品製造業の概況

(単位：事業所，百万円)

製造業種		出荷額 A	事業所数 B	A/B	有形固定資産 C	C/B
製造業計		300,477,604	341,421	880	87,654,379	257
食料品製造業計		23,888,077	39,395	606	6,912,016	175
加工型	その他の食料品	5,771,734	14,327	403	1,813,414	127
	畜産食料品	4,835,430	2,792	1,732	1,168,619	419
	パン・菓子	4,066,258	7,533	540	1,350,764	179
	水産食料品	3,836,022	9,094	422	879,093	97
	調味料	1,879,030	1,877	1,001	639,707	341
	(その他のパン・菓子)	1,030,376	1,103	934	305,150	277
	野菜缶詰・果実缶詰・農産保存食料品	972,704	2,545	382	300,672	118
	(冷凍調理食品)	838,461	789	1,063	286,562	363
素材型	精穀・製粉	1,310,493	867	1,512	313,250	361
	動植物油脂	680,550	206	3,304	222,060	1,078
	糖類	535,856	154	3,480	224,438	1,457
	(小麦粉)	433,188	113	3,834	155,545	1,377
	(でん粉)	88,411	77	1,148	32,172	418

資料) 通商産業大臣官房調査統計部編「工業統計表産業編」より作成．
注 1) 加工型とは，主として生原料や中間加工原料を用いて最終消費形態の加工品を製造する業種，素材型は主として加工型食料品製造業の原料となる加工品を製造する業種である．
  2) 製造業種を加工型，素材型でそれぞれ出荷額の多い順に並べた．
  3) 小麦粉製造業は精穀・製粉業の，その他パン・菓子製造業はパン・菓子製造業の，冷凍調理食品製造業およびでん粉製造業はその他の食料品製造業の，それぞれ内数である．
  4) 有形固定資産額は従業員10人以上の事業所を対象とした数値で年末現在額である．

荷額で4～5兆円前後という大規模である．このなかで畜産食料品は1事業所あたり生産額が17億3,200万円と大きいが，その他は4～5億円前後と小さく，中小零細業や地場産業など小規模事業所が中心となり生産がおこなわれている業種である．

つぎは調味料，精穀・製粉，その他のパン・菓子，冷凍調理食品といった業種である．出荷額としては1～2兆円，1事業所あたりでは10億円前後という中規模な業種である．

そして最後は動物油脂，糖類，小麦粉といった業種である．これらは素材型の食料品製造業である．より高度な加工品の原料となる1次加工品であり，出荷額自体は少ないが事業所あたりの出荷額は30億円規模と大きいのが特徴である．

2. 市場構造の変化

以下では，馬鈴しょに関連する食料品製造業として冷凍食品産業およびスナック菓子産業を取り上げて分析をおこなう．まずはその前提として馬鈴しょの市場構造についてみておこう．

世界における馬鈴しょ生産は，表1-4にみるようにアジア，ヨーロッパが9,000万トンほどであり，次いで北中アメリカが3,000万トンほどである．しかしアジアとヨーロッパでは生産に違いが見られる．アジアではもっぱら

表1-4 馬鈴しょの世界生産量および貿易量 (1996年)

(単位：千トン，%)

	生産量	輸出		輸入	
アフリカ	9,562	500	5.2	284	3.0
北中アメリカ	28,418	876	3.1	837	2.9
南アメリカ	12,322	46	0.4	112	0.9
アジア	92,394	844	0.9	730	0.8
ヨーロッパ	90,225	4,967	5.5	5,574	6.2
オセアニア	1,771	47	2.7	21	1.2

資料）FAO「Production year book」より作成．

自国での消費が中心であるが、ヨーロッパ、北中アメリカでは貿易量の割合が比較的高い。しかし、全体的にみると貿易自体は少なく、図1-2で主要な農産物と比較しても馬鈴しょの輸出量は少ない。だが、近年は貿易量が増加している。とくに、冷凍馬鈴しょの輸出が増加している点が特徴的であり、世界的商品として徐々に注目を集めつつある。

では、日本国内の生産状況はどうなっているであろうか。国内生産量および輸入量の推移を見たものが図1-3である。国内生産量は、86年の407万トンを1つのピークとしてその後急激に減少しており、2000年には289万9,000トンまで大幅に減少している。日本における馬鈴しょの作型には、春植えと秋植えがある。春植は九州などでは1-2月頃植え付けて5-6月頃に収穫する。北海道では4-5月に植え付けて、8-9月頃収穫する。秋植は九州など暖かな地域でおこなわれ、9月に植え付けて11-1月頃に収穫される。秋植えは全体の5%程度である。図1-4は日本の春植え馬鈴しょ生産の推移を

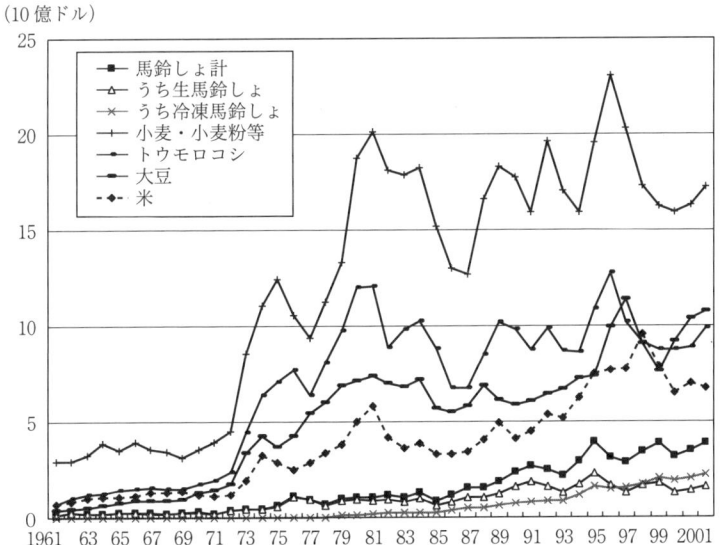

資料）FAO統計資料より作成。

図1-2 主要農産物の世界輸出量

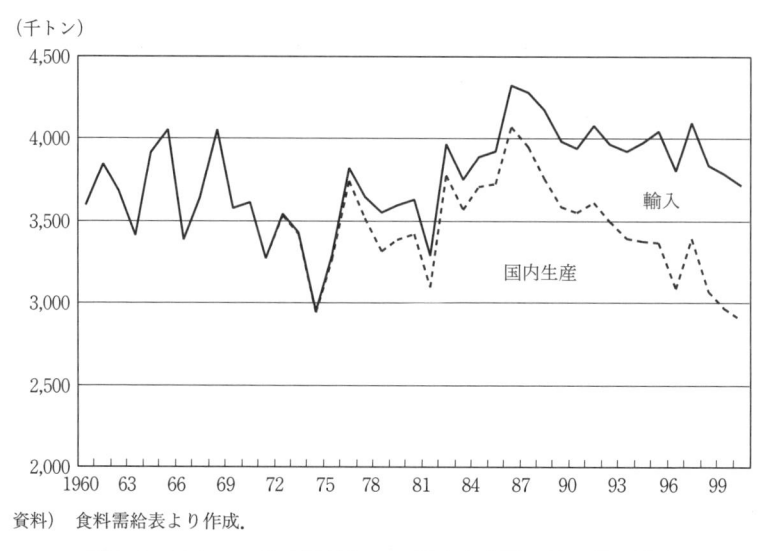

図1-3 日本における馬鈴しょの国内生産量と輸入量の推移

資料）食料需給表より作成．

示したものであるが，面積としては54年をピークとしてその後ほぼ一貫して減少しているが，この減少を10aあたり収量の増加がカバーしていた．生産量をみると増減はあったが，80年代後半から一貫した低下傾向を示している．北海道が一貫して主産地であり，その位置づけがますます強まっており，99年では面積で全国の65.2%，生産量では77.3%をしめている．

そうした国内生産の縮小の一方で，図1-3にあるように輸入量が80年代後半から増加している．これは86年から開始されたガットウルグアイラウンド交渉の開始など，日本の工業製品輸出主導型経済体制を維持していくための経済構造調整の結果である．輸入量は86年の25万7,000トンから2000年には82万にまで増加している．

馬鈴しょに関する輸入自由化は以前から始まっていた．61年には生鮮馬鈴しょおよび冷凍馬鈴しょの一部，70年には馬鈴しょの粉であるミール，フレーク，71年にはそのほかの調整した冷凍馬鈴しょ，マッシュポテトが，それぞれ順次自由化されてきた[10]．生鮮馬鈴しょは自由化されているが防疫

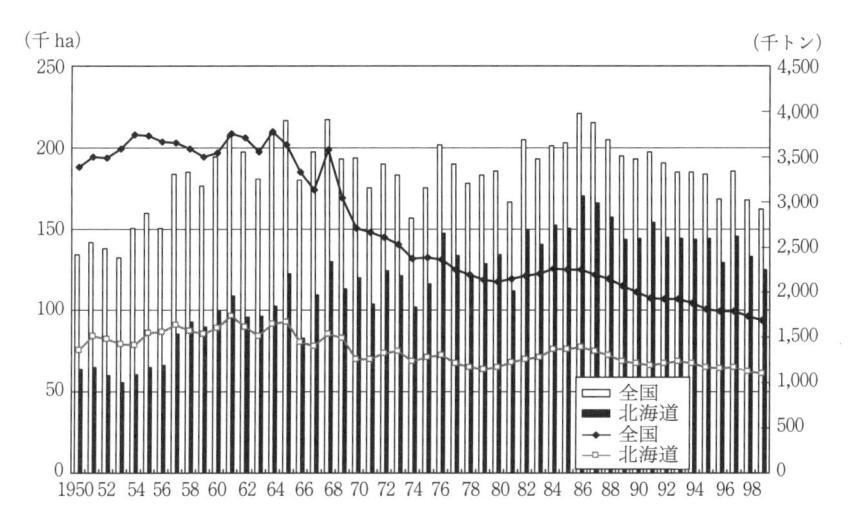

第1章 馬鈴しょ関連産業の展開と特質

(千 ha) (千トン)

凡例：
全国（棒）
北海道（棒）
全国（折れ線）
北海道（折れ線）

資料）農林水産省「作物統計」，「野菜生産出荷統計」(1991年から)，北海道「北海道統計」各年次より作成．
注1) 折れ線が作付面積，棒グラフが生産量である．
2) 全国の数値に1973年までは沖縄は含まない．

図1-4 日本における春植え馬鈴しょ生産の推移

の関係で輸入はほとんどないが，それ以外の品目でも86年以前は，輸入量は大きくはなかった[11]．輸入内訳についてみたものが表1-5であるが，これによると「冷凍馬鈴しょ」の輸入数量は85年の5万6,006トンから急激に増加して90年13万794トン，95年19万9,613トン，2000年27万2,987トンと一貫して増加基調にある．これは円高の急進による輸入単価の低下，外食産業の伸張による需要の拡大，そして日本企業の対外投資＝海外生産化にともなう開発輸入の増加によるものである．輸入単価をみると「冷凍馬鈴しょ」は85年の203円/kgから86年には一挙に139円/kgへと低下し，その後も100〜130円前後で推移している．「粉，フレーク，マッシュポテト」は85年の212円/kgから86年には121円/kgとなったが89-91年にかけてやや高騰した．しかし92年にポテトフレークの関税が25%から20%へと引き下げられ，その後単価は100〜140円前後で推移している．

また，注目すべきは「その他」の急増である．この中身に関しては，冷凍，

表 1-5 馬鈴しょ関連品目の輸入状況

(単位:トン,百万円,円/kg)

	輸入合計		冷凍馬鈴しょ			粉,フレーク,マッシュポテト			その他		
	数量	金額	数量	金額	単価	数量	金額	単価	数量	金額	単価
1980	217,640	9,221	29,202	5,443	186	25,566	3,778	148			
81	187,457	10,920	34,226	6,670	195	18,694	4,251	227			
82	206,179	12,968	37,566	8,396	223	20,589	4,572	222			
83	176,079	10,606	44,619	8,447	189	12,986	2,159	166			
84	187,518	13,146	50,186	10,460	208	12,851	2,686	209			
85	195,183	13,941	56,006	11,396	203	11,995	2,546	212			
86	235,286	11,543	72,068	9,990	139	12,789	1,553	121			
87	309,570	14,078	97,972	12,284	125	15,672	1,794	114			
88	391,703	17,752	127,421	15,826	124	18,105	1,768	96	573	158	276
89	406,850	22,482	138,584	19,784	143	16,568	2,509	149	561	189	336
90	390,443	23,976	130,794	19,925	152	16,833	3,864	228	452	187	414
91	447,047	23,692	144,486	20,105	139	21,216	3,375	158	585	213	364
92	491,362	23,726	159,102	20,465	129	23,005	2,862	122	837	399	476
93	505,947	21,974	155,433	17,678	114	26,154	3,211	121	1,875	1,084	578
94	601,920	28,721	175,601	18,815	107	28,624	3,085	107	11,540	6,821	591
95	682,033	30,058	199,613	20,266	102	28,306	2,939	104	19,062	6,853	360
96	705,889	35,721	228,011	26,466	116	24,721	3,676	149	14,570	5,578	383
97	706,760	37,246	241,120	29,870	124	23,284	3,028	130	9,416	4,348	462
98	754,498	44,140	266,651	35,230	132	20,388	2,878	141	11,700	6,031	515
99	818,810	41,612	281,190	31,185	111	22,394	2,586	115	16,665	7,840	470
2000	815,162	38,222	272,987	27,525	101	23,905	2,586	119	18,447	8,111	440

資料) 農林水産省生産局特産振興課「いも類の生産流通に関する資料」(平成14年1月) より作成.
注 1) 元資料は日本関税協会「日本貿易月表」である.
2) 総輸入量は生いも換算の数値である.

非冷凍の調理食品やスナック菓子などが含まれるが,これらが統計に計上されるようになった88年には573トンとわずかであったのが,2000年には1万8,447トンまでに増加している.数量としては「冷凍馬鈴しょ」および「粉,フレーク,マッシュポテト」よりも少ないが,金額は81億円となっており,2000年における馬鈴しょ関連の輸入総額382億円の約21%をしめている.

このようにして80年代後半から馬鈴しょの輸入量が増加することになった.これは,次にみる関連産業との関係でいうと,冷凍食品産業における生

第1章　馬鈴しょ関連産業の展開と特質

表1-6　馬鈴しょの用途別仕向量の推移

(単位：千トン，%)

		生産数量	農家自家食	飼料	種子	市場販売	でん粉	加工食品	消耗	加工食品の内訳				
										小計	マッシュポテト	ポテトチップ	冷凍加工	その他
実数	1955	2,908	861	169	315	700	700	0	163	0				
	1960	3,594	945	535	313	717	1,007	0	77	0				
	1965	4,056	733	584	380	796	1,382	34	147	34	34			
	1970	3,611	516	396	298	801	1,365	41	194	41	40	1		
	1975	3,261	400	151	276	806	1,168	169	291	169	52	42	25	51
	1980	3,421	321	91	224	844	1,417	364	159	364	24	223	72	45
	1985	3,727	325	60	245	853	1,582	484	179	484	31	322	99	32
	1991	3,552	319	47	240	864	1,280	555	248	555	36	324	119	75
	1992	3,494	313	41	223	794	1,379	541	203	541	26	307	132	77
	1993	3,390	279	35	219	747	1,362	570	179	570	23	320	148	79
	1994	3,377	280	34	213	736	1,403	558	152	558	14	314	149	81
	1995	3,365	271	32	212	736	1,307	548	259	548	17	306	148	81
	1996	3,086	282	28	211	705	1,075	549	236	549	15	299	146	88
	1997	3,395	288	26	209	711	1,306	618	236	618	17	312	187	102
	1998	3,074	277	18	202	633	1,218	532	195	532	17	313	153	49
	1999	2,963	280	15	184	669	1,088	536	192	536	15	326	113	82
	2000	2,899	271	17	178	665	1,023	536	210	536	16	341	131	48
割合	1955	100.0	29.6	5.8	10.8	24.1	24.1	0.0	5.6	—				
	1960	100.0	26.3	14.9	8.7	20.0	28.0	0.0	2.1	—				
	1965	100.0	18.1	14.4	9.4	19.6	34.1	0.8	3.6	100.0	100.0			
	1970	100.0	14.3	11.0	8.2	22.2	37.8	1.1	5.4	100.0	98.3	1.7		
	1975	100.0	12.3	4.6	8.5	24.7	35.8	5.2	8.9	100.0	30.6	24.5	14.5	30.3
	1980	100.0	9.4	2.7	6.6	24.7	41.4	10.6	4.7	100.0	6.5	61.4	19.8	12.4
	1985	100.0	8.7	1.6	6.6	22.9	42.4	13.0	4.8	100.0	6.5	66.5	20.5	6.5
	1991	100.0	9.0	1.3	6.8	24.3	36.0	15.6	7.0	100.0	6.5	58.4	21.5	13.6
	1992	100.0	9.0	1.2	6.4	22.7	39.5	15.5	5.8	100.0	4.8	56.7	24.4	14.1
	1993	100.0	8.2	1.0	6.5	22.0	40.2	16.8	5.3	100.0	4.0	56.2	26.0	13.8
	1994	100.0	8.3	1.0	6.3	21.8	41.5	16.5	4.5	100.0	2.6	56.3	26.7	14.5
	1995	100.0	8.1	0.9	6.3	22.0	38.8	16.3	7.6	100.0	3.0	55.7	26.9	14.7
	1996	100.0	9.1	0.9	6.8	22.8	34.8	17.8	7.6	100.0	2.8	54.4	26.6	16.1
	1997	100.0	8.5	0.8	6.2	20.9	38.5	18.2	7.0	100.0	2.7	50.5	30.3	16.5
	1998	100.0	9.0	0.6	6.6	20.6	39.6	17.3	6.4	100.0	3.2	58.8	28.7	9.3
	1999	100.0	9.4	0.5	6.2	22.6	36.7	18.1	6.5	100.0	2.9	60.8	21.0	15.3
	2000	100.0	9.4	0.6	6.2	22.9	35.3	18.5	7.2	100.0	2.9	63.7	24.4	8.9

資料）　農林水産省特産振興課資料より作成．
注1）　市場販売用は出荷時点での仕分け区分である．
　2）　各都道府県の報告数値を農水省特産振興課がまとめた数値である．

産拠点の海外進出，スナック菓子産業におけるポテトフレークを主とした原料の海外依存と製品輸入の増加である．

ついで国内生産馬鈴しょの用途別仕向量の推移を示したものが表1-6である．加工食品の内訳を見ると，75年の時点では，加工食品向け総量16万9,000トンのうち，マッシュポテトが5万2,000トン（30.6%），ポテトチップが4万2,000トン（24.5%），冷凍加工が2万5,000トン（14.5%）となっていたが，その5年後の80年にはポテトチップが一挙に22万3,000トンとなり加工食品の約6割を占める主力品目としての地位を獲得しており，その地位は現在まで不動のものとなっている．冷凍加工は97年の61万8,000トン（30.3%）をピークに現在はやや減少傾向にある．このように，国内で生産される加工食品向けの馬鈴しょはそのほとんどがポテトチップになっていることがわかる．

3. 馬鈴しょ関連食料品製造業の特質

加工向け馬鈴しょの主要用途はポテトチップと冷凍加工品である．本節ではそれら2つに関する食料品製造業としてスナック菓子産業および冷凍食品産業について産業全体の動向について概観し，さらに馬鈴しょに関する市場動向および関連産業の展開過程の整理をおこなう．

(1) 冷凍食品産業の海外進出

2000年における冷凍調理食品製造業は，事業所数789，出荷額8,126億円（1事業所当たり10億円）に上っている．冷凍食品の国内生産は，図1-5にみるように一貫して増加してきた．それは主として調理食品の増加によるものである．それ以外では水産品が増加している．農産物の冷凍食品に関しては，その中心は馬鈴しょを原料とする冷凍ポテトやフレンチフライである．

安東［1976］では，70年代前半までの冷凍食品産業の展開過程を整理しているが，それによると60年頃までが胎動期である．水産大手の日本水産，

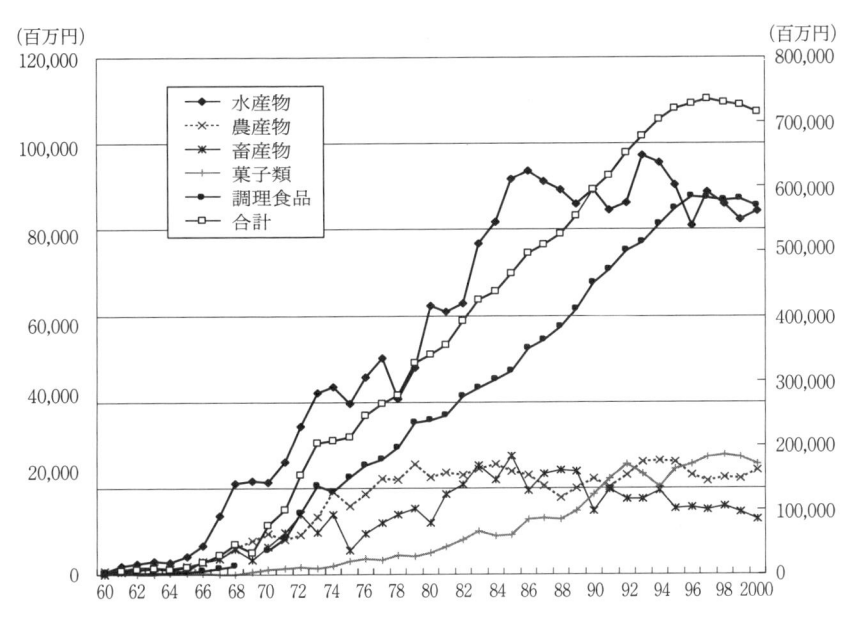

第1章　馬鈴しょ関連産業の展開と特質

資料）日本冷凍食品協会資料より作成．
注 1）右軸が合計，調理食品，左軸がそれ以外である．
　 2）92年以降野菜類と果類が一つになって農産物となっている．
　 3）調理食品の69年のデータは欠如している．
　 4）95年を100とした加工食品の卸売物価指数でデフレートしている．

図1-5　冷凍食品の国内生産額の推移

日魯水産，大洋漁業の進出によっておもに水産物の冷凍食品が生産された．その後60年代前半の時期に加ト吉・仁丹食品などの専業ないし準専業メーカーが参入して生産能力が拡大したが，その主力は業務用ルートにあり，66年には業務用が「冷食生産量3万8千トンのうち84%」[12]をしめるまでになった．しかし60年代後半になると高度経済成長をうけて，家庭用市場が急成長した．明治乳業をはじめとした新規参入メーカーによる量産体制の整備とともに，スーパーを拠点とした流通面の整備が奏功したのである[13]．66年には森下仁丹食品が日本で初めて北海道京極町でフレンチフライの製造を開始している．70年代前半に入って，71年雪印，72年味の素と，食品のトップメーカーが相次いで参入しそれを契機として業界全体として市場が拡大

(トン)

図1-6 調理冷凍食品の国内生産量の推移

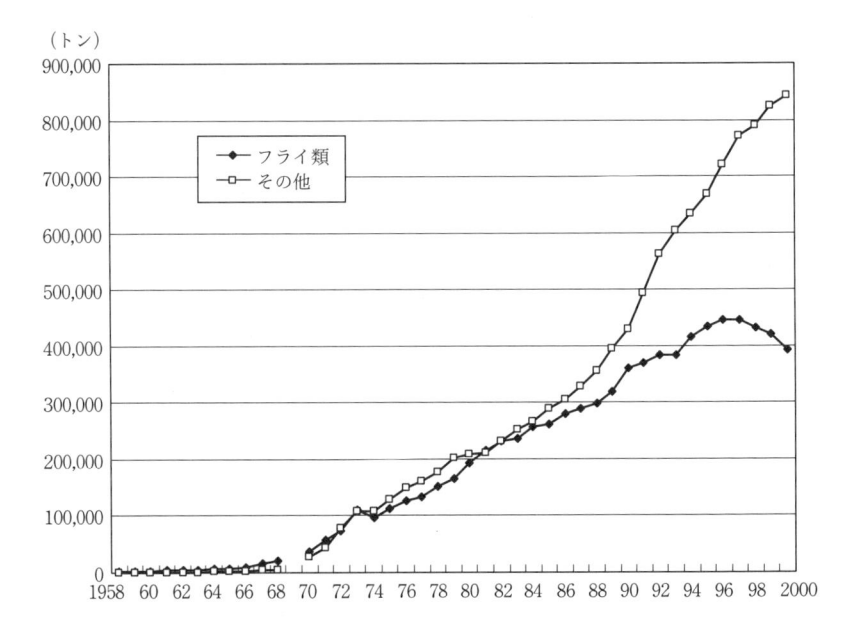

資料）日本冷凍食品協会資料より作成．
注）調理食品の69年のデータは欠如している．

した．

　70年代中頃からの石油ショックを契機とした低成長経済のもと，食料品製造業も低成長を余儀なくされる．しかし65年に科学技術庁の資源調査会が出した「食生活の体系的改善に資する食料流通体系の近代化に関する勧告」（通称コールドチェーン勧告）によってコールドチェーンの整備が進み，さらに70年代に入って電子レンジの普及が進むなど冷凍食品に関する環境の整備が進んだこと，さらにライフスタイルの変化にあわせた簡便性が受け入れられるなど，70年代を通じて市場は拡大していった[14]．前掲図1-5にも示されているように，70年代に入ってからより高度の加工を経た調理食品が急増しており，現在では冷凍食品の主流を占めている．調理冷凍食品は従来フライ類がその主役であったが，図1-6にみるように1990年代にはい

第1章　馬鈴しょ関連産業の展開と特質

表1-7　大手冷凍食品企業における海外投資状況（1987年時点）

企業名	所在地	操業年月	事業内容	資本金	出資比率	備考
ニチレイ	ブラジル	1960.7	農・水産物販売	72.1万Cz	100	
	ブラジル	1979.1	水産物の加工販売，農畜産品の加工等	335万Cz	40	
	オーストラリア	1984.3	食品全般の輸出入，販売	40万ドル	100	
	アメリカ	1984.5	畜肉加工品の製造	30万ドル	41.7	
	アメリカ	1987.4	食品の輸出入・販売	50万ドル	100	
味の素	ブラジル	1956.8	調味料等の販売	7,000 CZ	100	
	西ドイツ	1961.1	調味料等の輸入販売	200万DM	100	
	タ イ	1961.12	調味料等の製造販売	3.49億B	69.3	
	フィリピン	1962.1	調味料の製造販売	1.09億P	50	
	マレーシア	1965.6	調味料の製造販売	2,569万Mドル	56.4	
	ペルー	1969.4	調味料等の製造販売	6,067万Int	87.2	
	ブラジル	1972.2	即席麺の製造販売	1126.3万Cz	50	残り50％は日清食品の出資
	インドネシア	1972.7	調味料の製造販売	800万ドル	69	
	タ イ	1973.12	即席麺の製造販売	1,002万B	50	資本参加
	シンガポール	1973.7	調味料等の輸入販売	100万Sドル	99	
	ブラジル	1977.3	調味料等の製造販売	4,898.6万Cz	100	
	香 港	1979.12	調味料等の輸入販売	272万HKドル	100	
	アメリカ	1981.11	調味料の輸入販売等	4,400万ドル	100	
	スイス	1984.1	アミノ酸系甘味料の販売	100万SF	50	
	台 湾	1987.4	加工食品の販売		50	資本参加
	台 湾	1987.4	加工食品の製造		50	資本参加
	香 港	1987.4	加工食品の製造	84.3万ドル	50	資本参加
	タ イ	1987.4	加工食品の製造販売	210.5万ドル	50	資本参加
	シンガポール	1987.4	加工食品の販売	22.2万ドル	50	資本参加
	マレーシア	1987.4	加工食品の製造販売	249.5万ドル	50	資本参加
	フィリピン	1987.4	加工食品の製造販売	702.8万ドル	50	資本参加
	インドネシア	1987.6	グルタミン酸ソーダの製造	61.7億Rp	95	資本参加
	韓 国	1988.1	冷凍食品の製造	30億W	50	

資料）『食品界資料・統計　1988食糧年鑑』日本食糧新聞社より作成．
注）　ニチレイの2001年時点での海外生産拠点は，以下の5つである．
　① 山東日冷食品有限公司（中国）
　② 上海日冷食品有限公司（中国）
　③ Surapon Nichirei Foods Co., ltd.（タイ）
　④ Tengu Company lnc.（アメリカ・カリフォルニア州）
　⑤ Nichirei do Brasil Agricola Ltda（ブラジル・ペルナンブコ州）
　　（株式会社ニチレイフーズホームページより引用．Http://www.nichireifoods.co.jp）

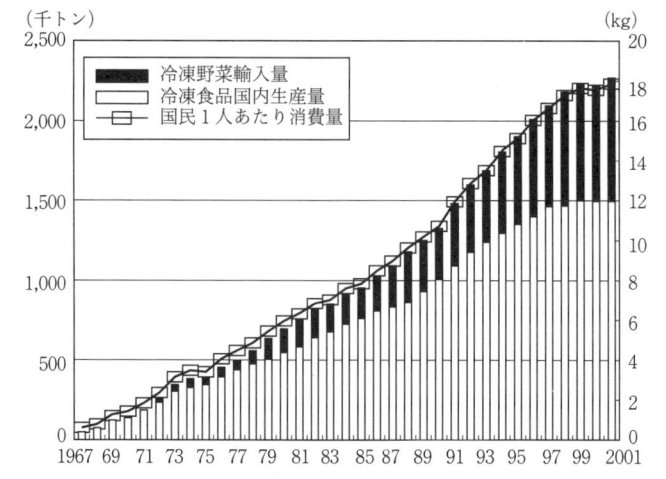

品　目	中　国
ポテト	4,961
エンドウ	7,132
インゲン	22,215
枝　豆	39,793
その他豆類	5,538
ほうれん草	44,907
コーン	155
サトイモ	55,996
ブロッコリー	4,938
混合野菜	16,316
その他野菜	103,890
合　計	305,840

資料）　日本冷凍食品協会資料及び『日本貿易月表』（財務省）より作成．
注 1）　実際の消費量には輸入している調理冷凍食品等が含まれ，その量は増えているものと思われるが，統計資料の制約から冷凍食品の国内生産量と冷凍野菜の輸入量をもって国内の消費量とした．
2）　国民1人あたり消費量が右軸，それ以外が左軸である．

資料）　財務省『日本貿易
注 1）　四捨五入との関係
2）　国別のその他は省

図 1-7　日本における冷凍食品消費量の推移

るとそれ以外の調理冷凍食品が増加しており多様化が進展していることがわかる．

その後の大きな変化は，80年代に進展した輸入の急増と海外生産化である．表1-7は日本の大手冷凍食品製造業者であるニチレイと味の素を例に，海外投資の状況を見たものである．87年時点での冷凍食品大手企業の海外進出状況を示したものであるが，80年代に入り加工食品製造の海外進出がすすんだことがわかる．

その後も国内生産，輸入ともに増加を続け，国内生産は99年まで一貫して増加を続けたのである．図1-7は日本における冷凍食品消費量の推移を示したものである．これによると消費量全体は一貫して伸び続けている．90年代後半になって国内生産が停滞傾向にあるが，輸入は依然として伸びていることから市場規模としては現在まで一貫した増加傾向にあるということが

第1章 馬鈴しょ関連産業の展開と特質

表1-8 2000年における冷凍野菜の国別輸入状況

(単位:トン)

アメリカ	カナダ	台湾	ニュージーランド	タイ	メキシコ	インドネシア	チリ	エクアドル	オランダ	オーストラリア	合計
227,477	37,283	—	938	28	—	10	—	—	1,103	2	272,987
5,089	82	—	6,075	11	—	—	—	—	24	368	18,784
1,088	1	39	145	8,352	—	—	1	—	—	—	31,908
42	—	24,166	—	8,690	—	1,980	—	—	—	—	74,985
0	—	20	39	1	—	—	179	—	—	—	5,779
20	—	23	—	13	—	—	—	—	—	—	44,978
39,819	698	—	9,895	112	—	—	33	—	—	106	50,888
—	—	—	—	2	—	—	—	—	—	—	56,159
648	—	23	—	—	6,271	—	17	1,908	—	—	14,195
11,999	72	—	5,198	137	1,516	—	—	—	3	110	35,507
10,311	908	1,469	3,381	7,417	1,218	1,810	2,208	104	687	506	138,162
296,493	39,044	25,741	25,671	24,762	9,006	3,800	2,438	2,012	1,817	1,092	744,332

月表』より作成.
で各欄の計と合計欄の数値は必ずしも一致しない.
略している.

できる.表1-8は冷凍野菜の国別輸入実績をみたものであるが2000年の輸入量74万4,000トンのうちもっとも多いのがアメリカ産のポテトで27万3,000トンと全体の36.7%を占めている.ついで,中国産を中心としたその他野菜や枝豆となっている.

しかし,ここで注意しなければならないのが輸入調理冷凍食品の存在である.これは統計的に把握できないため,実際の国内冷凍食品消費量を把握することはできないのである.しかし,輸入調理冷凍食品は確実に増加していることが指摘されており,数値以上に輸入製品の占めるシェアは高いことが予想されるのである.では,輸入調理冷凍食品を取り扱っている(社)日本冷凍食品協会の会員企業32社に対しておこなったアンケートから実態をみてみよう.まず,図1-8で輸入調理冷凍食品の取扱方法についてみてみると,25社が海外生産拠点で日本向けに生産した製品を輸入して販売しているという,開発輸入の実態が示されている.輸入先を示した表1-9をみると中国が最も多く全体の6割程度になっており,ついでタイである.金額は輸入実

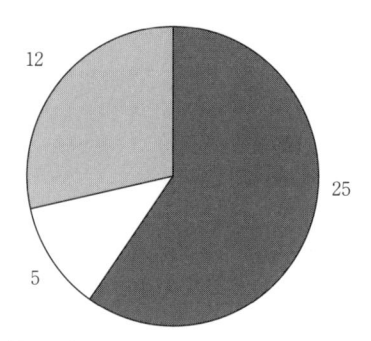

[pie chart with values 25, 5, 12]

■ 海外生産拠点（子会社，合弁会社，業務提携先等）で日本向けに生産した調理冷凍食品を輸入，販売．

□ 海外メーカーが自国市場向け（日本向けに仕様変更したものを含む）に開発したものを輸入，販売．

▨ 商社等が輸入したものを購入し，販売．

資料）　社団法人日本冷凍食品協会が会員社の内冷凍調理食品を取り扱っていると推察された 33 社のみ（内取扱があるもの 32 社）を対象に調査したものをまとめたもので，日本の調理冷凍食品輸入の全体を表すものではない．

注）　取扱のあった 32 社による複数回答である．

図 1-8　輸入調理冷凍食品の取扱方法

態の全体像を示すものではないが，それでも数量，金額はここ 5 年間での間でもそれぞれ 1.89 倍，1.68 倍に伸びており，その著しい伸長ぶりが予想できる．

　このように，冷凍食品産業は国内生産が一貫して増加してきたが近年は停滞局面にある．一方 80 年代から輸入製品が増加しており，国内消費量は増加している．特に 2000 年には国内生産が統計を取り始めた 58 年以来初めて前年比 99.6％ の 149 万 8,700 トンと減産を記録した．その要因はコロッケをはじめとしたフライ類の消費低迷とともに，海外からの開発輸入の急増である．表 1-10 によって日本の冷凍食品企業の市場構造をみると，ニチレイ，加ト吉，味の素，日本水産，ニチロの上位 5 社で全体の販売額の約 5 割を占めている．こうした大手メーカーが中心となって，輸入品シフトなどグローバル化路線を一段と強化し，さらに収益確保のための分社化や工場再編など

第1章　馬鈴しょ関連産業の展開と特質

表1-9　調理冷凍食品輸入高の推移

(単位：トン，百万円)

	数量合計				金額合計			
		中国	タイ	その他		中国	タイ	その他
97	85,205	38,909	28,308	17,988	40,617	14,160	18,007	8,450
98	94,178	47,669	28,022	18,487	43,515	18,063	19,961	5,491
99	99,427	54,511	32,368	12,548	46,060	20,951	17,773	7,336
2000	127,748	77,333	39,085	11,330	53,228	27,557	18,751	6,920
01	160,868	99,237	48,761	12,870	68,151	37,475	22,617	8,059
97	100.0	45.7	33.2	21.1	100.0	34.9	44.3	20.8
98	100.0	50.6	29.8	19.6	100.0	41.5	45.9	12.6
99	100.0	54.8	32.6	12.6	100.0	45.5	38.6	15.9
2000	100.0	60.5	30.6	8.9	100.0	51.8	35.2	13.0
01	100.0	61.7	30.3	8.0	100.0	55.0	33.2	11.8
97	100.0	100.0	100.0	100.0	100.0	100.0	100.0	100.0
98	110.5	122.5	99.0	102.8	107.1	127.6	110.9	65.0
99	116.7	140.1	114.3	69.8	113.4	148.0	98.7	86.8
2000	149.9	198.8	138.1	63.0	131.0	194.6	104.1	81.9
01	188.8	255.0	172.3	71.5	167.8	264.7	125.6	95.4

資料）社団法人日本冷凍食品協会が会員の内冷凍調理食品を取り扱っていると推察された33社のみ（内取扱があるもの32社）を対象に調査したものをまとめたもので，日本の調理冷凍食品輸入の全体を表すものではない．
注）上段は実数，中段は合計に対する割合，下段は97年を100とした指数である．

表1-10　1999年における冷凍食品の上位10社販売高

(単位：億円，％)

社名	販売高	割合
ニチレイ	1,650	15.4
加ト吉	1,200	11.2
味の素	1,010	9.4
日本水産	750	7.0
ニチロ	549	5.1
(上位5社小計)	5,159	48.2
極洋	483	4.5
キューピー	390	3.6
雪印乳業	368	3.4
日東ベスト	345	3.2
ヤヨイ食品	327	3.1
(上位10社小計)	7,072	66.1
合計	10,700	100.0

資料）『酒類食品統計月報』2000年5月号，10頁より作成．
注）日刊経済通信社調べの数値である．

の戦略が進められているのである[15]．さらに海外企業の日本進出も進み，88年にはアメリカの冷凍ポテト加工メーカーシンプロット社と日本の大塚化学が提携して，電子レンジ用の「マイクロ・マジック」の輸入販売が開始され，大がかりなテレビ CM と店頭販売促進活動などで話題を呼んだ．

ではそうした冷凍食品のなかでも馬鈴しょ関連品目についてみてみよう．72 年以降の馬鈴しょ関連冷凍食品の推移について整理した表 1-11 によると，馬鈴しょ計は数量，金額ともに増加しており，特に 70 年代後半から 80 年代前半にかけて急増している．しかし表 1-12 にみるように 86 年以降の低価格と種類の豊富さなどによって冷凍馬鈴しょの輸入が急増し，それに影響を受けて国内生産は数量でそれまでの 4 万トン台から 3 万トン台へ，金額では 84 年の 111 億円をピークとして近年ではその約半分の 50 億円まで縮小している．輸入拡大の契機となったのが 86 年の「一高二低」と呼ばれる円高，

表 1-11　馬鈴しょ関連冷凍食品の国内生産の推移

(単位：トン，百万円)

		冷凍野菜農産物計				調理食品	フライ	
			ポテト	フレンチフライ	馬鈴しょ計			コロッケ
生産量	72	35,569	—	—	10,260	152,106	74,288	32,002
	75	60,074	—	—	13,731	241,331	113,594	62,191
	80	83,927	—	—	36,009	402,546	193,672	92,593
	85	98,994	12,223	31,793	44,016	550,663	262,084	95,627
	90	103,587	15,956	21,180	37,136	788,808	360,282	124,427
	95	104,349	19,624	15,701	35,325	1,101,369	433,929	155,548
	99	92,005	22,301	9,179	31,480	1,244,804	419,522	164,408
生産額	72	9,099	—	—	2,129	93,797	47,879	15,709
	75	15,813	—	—	3,589	148,871	64,909	23,012
	80	22,558	—	—	8,693	237,900	106,372	29,426
	85	23,701	1,856	7,628	9,484	313,910	142,960	32,938
	90	22,119	2,246	3,640	5,887	450,455	200,547	40,948
	95	25,920	2,893	2,901	5,794	565,085	230,280	49,711
	99	22,261	3,273	1,651	4,924	580,344	215,516	53,199

資料)　日本冷凍食品協会．
注 1)　生産額は 95 年を 100 とした加工食品の卸売物価指数でデフレートしている．
　 2)　81 年からポテトがフレンチフライとポテトに区分されている．

第1章 馬鈴しょ関連産業の展開と特質

表1-12 冷凍野菜・輸入通関実績

(単位：トン，百万円，千円/トン)

		ポテト	枝豆	コーン	その他豆類	サトイモ	ほうれん草	混合野菜	その他	合計
輸入量	85	56,006	31,044	24,505	39,879	—	—	—	28,170	179,604
	86	72,068	36,231	29,301	41,147	—	—	—	35,748	214,495
	87	97,972	42,682	33,166	42,591	—	—	—	38,348	254,760
	95	199,613	52,608	46,740	60,239	48,382	21,216	28,872	90,759	548,429
	96	227,656	57,973	46,389	59,172	61,924	27,074	29,490	94,358	604,036
	97	241,120	60,314	50,139	54,811	54,435	30,633	31,356	104,434	627,242
	98	266,651	68,260	51,903	61,521	52,516	45,814	35,445	123,458	705,568
	99	281,190	73,075	52,342	61,458	52,393	44,426	37,494	140,319	742,697
	2000	272,987	74,985	50,888	56,471	56,159	44,978	35,507	152,357	744,332
輸入金額	85	11,396	6,899	5,113	7,659	—	—	—	7,061	38,128
	86	9,990	6,337	4,219	6,065	—	—	—	6,035	32,645
	87	12,284	7,552	4,556	5,789	—	—	—	6,341	36,522
	95	20,266	8,575	5,720	7,091	5,384	1,688	3,773	14,817	67,314
	96	26,466	11,053	6,384	8,150	7,181	2,733	4,677	17,693	84,337
	97	29,870	12,745	7,468	8,269	7,786	3,422	5,496	20,404	95,460
	98	35,230	14,693	8,141	10,324	8,226	5,683	6,970	24,717	113,984
	99	31,159	13,558	6,922	8,423	6,034	4,782	6,571	24,486	101,935
	2000	27,522	12,971	6,397	6,881	5,849	4,589	6,065	24,701	94,975
輸入単価	85	203	222	209	192	—	—	—	251	212
	86	139	175	144	147	—	—	—	169	152
	87	125	177	137	136	—	—	—	165	143
	95	102	163	122	118	111	80	131	163	123
	96	116	191	138	138	116	101	159	188	140
	97	124	211	149	151	143	112	175	195	152
	98	132	215	157	168	157	124	197	200	162
	99	111	186	132	137	115	108	175	175	137
	2000	101	173	126	122	104	102	171	162	128

資料）『食品界資料・統計 1987食糧年鑑』および『食品界資料・統計 1988食糧年鑑』，財務省『日本貿易月表』より作成．
注 1) その他豆類はグリンピース，いんげん，そら豆など．
  2) その他はレンコン，アスパラ，ブロッコリー，さといも，カリフラワー，タケノコ，キャロットなど．

原油安，金利安の進展であり，その後輸入冷凍馬鈴しょは増加基調となった．こうして，冷凍馬鈴しょの国内市場は86年を契機とした輸入の急増によって大きくその規模を縮小させられているのが実態である．

一方，調理食品であるコロッケに関しては輸入による影響はあまり受けずに，他の調理食品全般の傾向と同様に80年代後半以降も拡大傾向を示してきた．しかし90年代後半にはいって停滞局面へと転換している．コロッケ市場が飽和状態へと突入したのである．現在は国産原料や「減農薬栽培」「有名産地銘柄」などを前面に出して展開するものと，廉価販売により展開するものとの二極化の様相を呈しているといわれている．

(2) スナック菓子産業の変遷

パン・菓子業界の中にあってスナック菓子は70年代以降急成長部門として位置づけられてきた．スナック菓子は，主に使用する原料によってポテト系，小麦系，コーン系，ライス系などに分けられるが，特に馬鈴しょを原料としたポテト系スナックは販売額で主役を担ってきた．

ポテト系スナックには大きく，①生の馬鈴しょをスライスし，油で揚げたポテトチップ，②馬鈴しょを粉末状にしたポテトフレークを成型してフライするファブリケートポテト，③馬鈴しょをスティック状にカットしてフライしたポテトシューストリングがある．ポテトチップやポテトシューストリングは生の馬鈴しょを原料とするため，ほぼ全量が国内原料によって生産されている．しかしファブリケートポテトは輸入のポテトフレークなどを原料として生産される割合が多い．

馬鈴しょ関連のスナック菓子産業の展開過程に関する資料はあまり整備されておらず，種類別の生産額に関しても短期的なものはあるが，長期的に整理したものはない．「工業統計表産業編」においては，パン・菓子製造業のなかで，パン，生菓子，ビスケット類，干菓子，米菓の各製造業をのぞいた「その他のパン・菓子製造業」として分類されており，スナック菓子産業はその中の大半を占めている．「その他のパン・菓子製造業」の産業規模は2000年で，事業所数1,113，出荷額9,986億円（1事業所あたり9億円）となっている．

2002年における日本の流通製菓企業の売上高上位5社をみると，第1位

が明治製菓で2,642億円,第2位ロッテ商事1,732億円,第3位森永製菓1,540億円,第4位江崎グリコ1,391億円,第5位カルビー1,038億円となっている[16].明治製菓は多品目を取り扱っている最大手でスナック菓子でも大手であるが,カルビーはポテト系のスナック菓子を中心とした企業である.このように製菓業界全体の中でもスナック菓子,ポテト系のスナックは重要な位置を占めているのである.

以下では日本食糧新聞社が毎年発行している『食糧年鑑』の菓子産業に関する記述をもとに,それを断片的な資料で補いながら馬鈴しょ関連のスナック菓子産業の展開過程について整理をおこなう.スナック菓子産業の特徴は,最も市場規模の大きい国産生馬鈴しょを原料とするポテトチップにおいて,

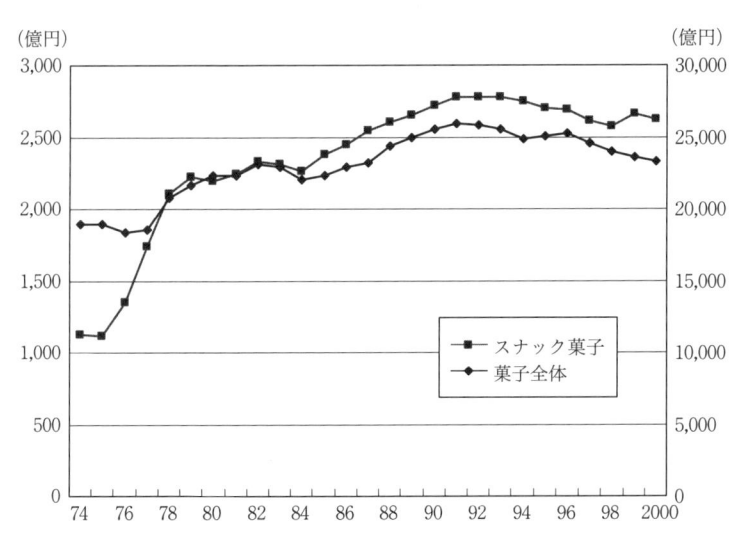

資料)『食糧年鑑』各年次より作成.全国菓子協会の推定.
注 1) スナック菓子の統計は74年より.
  2) 菓子の中には,キャラメル,ドロップ,キャンデー,チョコレート,チューインガム,焼き菓子,ビスケット,米菓子,和生菓子,洋生菓子などが含まれている.
  3) 95年を100とした加工食品の卸売物価指数でデフレートしている.
  4) 菓子全体が右軸,スナック菓子が左軸である.

図1-9 菓子全体とスナック菓子の販売額の推移

戦後の中小企業に系譜をもつ企業が大きなシェアを占めている点である[17]．一方，大手商社などは原料および製品輸入によってファブリケートポテト（成型ポテトチップ）市場に参入しているが，その市場規模はそれほど大きくない．また，これまでは生馬鈴しょを原料とするポテトチップ市場とは競合せずに棲み分けながら展開してきた．すでにふれたように，日本の食料品製造業の構造的特徴として，大手食品工業資本による独占の進展と，その反面として中小零細資本の膨大な一群の存在という，二重構造的性格が指摘されてきた．それに照らしたときに，中小企業に系譜をもつ企業が市場の主役を演じているという点がスナック菓子産業の特徴といえよう．

表 1-13

		1983
出荷額	カルビー	72,000
	明治製菓	24,000
	ハウス食品	17,000
	東ハト	16,000
	その他	91,000
	計	220,000
シェア	カルビー	32.7
	明治製菓	10.9
	ハウス食品	7.7
	東ハト	7.3
	その他	41.4
	計	100.0

資料）（株）矢野経済研究所

　まず，スナック菓子産業全体の動向をみておこう．図 1-9 で販売額の推移をみると，スナック菓子の統計が開始された 74 年から 79 年にかけて，市場

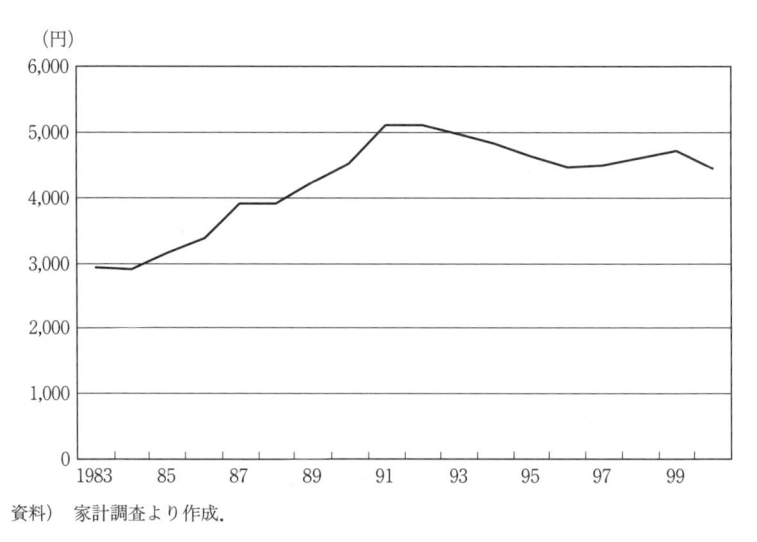

資料）家計調査より作成．

図 1-10　スナック菓子への年間支出額の推移

スナック菓子上位四社の企業別出荷額シェアの推移

(単位：百万円, %)

1989		1994		1999		2003	
カルビー	85,000	カルビー	91,300	カルビー	89,600	カルビー	86,000
湖池屋	25,000	ハウス食品	32,900	湖池屋	23,200	湖池屋	16,500
明治製菓	22,000	明治製菓	28,500	明治製菓	17,200	明治製菓	19,000
ハウス食品	20,000	湖池屋	23,700	ハウス食品	15,800	ヤマザキナビスコ	13,600
その他	144,000	その他	103,900	その他	114,200	その他	82,300
計	296,000	計	280,300	計	260,000	計	217,400
カルビー	28.7	カルビー	32.6	カルビー	34.5	カルビー	39.6
湖池屋	8.4	ハウス食品	11.7	湖池屋	8.9	湖池屋	7.6
明治製菓	7.4	明治製菓	10.2	明治製菓	6.6	明治製菓	8.7
ハウス食品	6.8	湖池屋	8.5	ハウス食品	6.1	ヤマザキナビスコ	6.3
その他	48.6	その他	37.1	その他	43.9	その他	37.9
計	100.0	計	100.0	計	100.0	計	100.0

『日本マーケットシェア事典』各年次より作成．

　が1,100億円から2,200億円までに急拡大した．その後93年の2,777億円を頂点として減少傾向にある．図1-10のスナック菓子への年間支出額をみても同様の傾向がみられ，スナック菓子産業は90年代に入って転換期を迎えているということが出来る．

　表1-13でスナック菓子上位4社の企業別出荷額シェアの推移をみてみよう．後述する画期区分で拡大期に区分される83年から現在までのシェアをみると，ポテトチップに代表されるカルビーがこの間一貫して高いシェアを占めていることがわかる．そのほかではポテトチップの先発メーカーである湖池屋，ポテトチップとコーン系の明治製菓，ファブリケートポテトのヤマザキナビスコといった企業が1割弱のシェアをそれぞれの得意品目を柱として分け合っている．こうした構造が70年代中頃のカルビー登場以来続いているという点が，スナック菓子産業の構造的特徴である．

　ポテト系スナックの歴史は62年に湖池屋が国内メーカーとして初めてポテトチップの量産化に成功して発売を開始したことに始まる．その時期からカルビー，ヤマザキナビスコが本格参入する70年代中頃までが胎動期である．74年時点でのスナック菓子は小麦系（主にえびせん）を除いて390億

円の市場規模であった．種類別販売高をみると，コーンパフ230億円，ポテトチップ80億円，コーンフレーク50億円，ポップコーン30億円であり，ポテトチップは全体の21％を占めるにとどまっていた．

　75年から80年代中頃が拡大期である．この時期はカルビーの参入によるポテトチップ市場の拡大とともに，従来の国内中小企業主体の生産から，素材型産業の低迷をうけて新たな市場として総合商社および海外資本がスナック菓子市場に参入してきた時期である．76年に山崎製パン，アメリカのナビスコ社，日綿実業によって設立されたヤマザキナビスコが輸入ポテトフレークを原料とした「チップスター」の製造を開始して，ファブリケートポテト市場も拡大していった．カルビーは，75年当時の小売価格よりも30％強も安い価格で参入した．さらにそれまで関東圏中心に展開していた湖池屋に対して，国内農家との契約栽培による原料調達と，店頭を基点とした独自のマーケティング戦略によって一挙にポテトチップ市場の中心企業となった[18]．しかし，ファブリケートポテト市場とポテトチップ市場は基本的に競合することなく，またファブリケートポテトは年による変動が大きかった．

　近年のカルビーの業界での位置をみてみよう．表1-14によるとポテト系のスナック菓子市場はポテトチップ，ファブリケートポテト，ポテトシューストリングを合わせて約1兆5,725億円であり，コーン系（約800億円），小麦系（約300億円）よりも断然大きくスナック菓子産業の基幹分野である．表1-15をみるとポテトチップ市場ではカルビーが市場シェアの68.5％になっており，先発メーカーである2位の湖池屋の13.8％を大きく引き離している．また，ファブリケートポテトでは従来はヤマザキナビスコ，P&Gが大きな割合を占めていたが90年代後半からこの市場でもカルビーのシェアが大きい．このように主役の座を維持している．

　そうした市場の拡大期を経て，80年代後半から90年代中頃までが急成長が止まった停滞期である．菓子類は生活に必要不可欠な財ではなく，景気の変動や企業の様々なキャンペーン活動などによって年次毎に消費の変動が起こりやすい．そのため停滞期といっても一概にすべての品目で停滞している

第1章　馬鈴しょ関連産業の展開と特質

表1-14　スナック菓子の品目別販売の推移

（単位：上段トン，下段百万円）

	1993	1994	1995	1996	1997	1998	1999	2000
ポテト系								
ポテトチップ	102,100	100,700	98,900	98,400	96,400	96,400	96,000	95,150
ファブリケートポテト	29,000	34,400	37,400	39,500	38,900	42,600	48,400	50,600
ポテトシューストリング	6,170	6,400	5,900	5,550	5,450	5,250	4,800	4,850
小　計	137,270	141,500	142,200	143,450	140,750	144,250	149,200	150,600
小麦系スナック	31,450	32,400	32,500	32,400	31,600	32,000	32,000	31,300
コーン系スナック	100,000	94,500	92,500	90,500	89,000	88,250	89,100	89,200
（ポップコーン）	11,100	9,300	9,150	8,800	8,550	8,550	8,250	8,100
ライス系スナック	6,560	4,780	4,200	4,050	5,000	5,200	4,100	2,400
その他スナック	9,500	9,000	9,400	9,800	10,000	10,050	9,500	6,750
合　計	284,780	282,180	280,800	280,200	276,350	279,750	283,900	280,250
ポテト系								
ポテトチップ	96,300	95,000	93,250	92,750	89,450	85,900	85,500	84,700
ファブリケートポテト	38,800	46,000	50,000	54,800	53,500	57,000	64,800	67,800
ポテトシューストリング	5,800	6,000	5,500	5,600	5,450	5,150	4,700	4,750
小　計	140,900	147,000	148,750	153,150	148,400	148,050	155,000	157,250
小麦系スナック	31,450	32,100	32,100	31,900	30,800	30,500	30,500	29,800
コーン系スナック	86,900	81,100	78,650	76,850	79,450	79,000	79,800	79,900
（ポップコーン）	13,700	11,500	11,300	10,850	10,300	10,200	9,700	9,500
ライス系スナック	9,600	7,000	6,150	5,950	7,850	8,250	6,500	3,800
その他スナック	12,200	11,700	11,350	11,450	11,750	11,800	11,150	7,900
合　計	281,050	278,900	277,000	279,300	278,250	277,600	282,950	278,650

資料）　富士経済『食品マーケティング便覧 No.4』より作成．
注）　かっこ内の数値は内数である．

というわけではない．しかし，それまでの全般的な市場拡大傾向が一段落したのがこの時期であり，企業による様々な消費喚起策が打ち出された．そうしたなかで，消費拡大のために多様なフレーバーを添加した商品の開発が進んだ．84年に湖池屋が販売したコイケヤカラムーチョはその後現在まで進展している味の多様化に先鞭をつけた．また，90年には物流費の大幅な増加にともない，流通業者がマージンアップや値上げをメーカーに主張し，菓子業界に大きな衝撃がもたらされた．スナック菓子は最大手のカルビーが先

表1-15 2000年におけるスナック菓子の市場占有率

(単位:百万円, %)

品　目	企業名	売上高	シェア
ポテトチップ	カルビー	58,000	68.5
	湖池屋	11,700	13.8
	山芳製菓	700	0.8
	ヤマザキ・ナビスコ	600	0.7
	その他	13,700	16.2
	市場規模	84,700	100.0
ファブリケートポテト	カルビー	20,850	30.8
	ヤマザキ・ナビスコ	13,000	19.2
	P & G	12,950	19.1
	ハウス食品	5,400	8.0
	市場規模	67,800	100.0
ポテトシューストリング	湖池屋	3,250	68.4
	明治製菓	450	9.5
	ヤマザキ・ナビスコ	350	7.4
	その他	700	14.7
	市場規模	4,750	100.0
小麦系スナック	カルビー	13,800	46.3
	おやつカンパニー	10,000	33.6
	森永製菓	5,550	18.6
	その他	450	1.5
	市場規模	29,800	100.0
コーン系スナック	明治製菓	17,000	21.3
	東ハト	10,450	13.1
	湖池屋	8,650	10.8
	ハウス食品	8,050	10.1
	ジャパン・フリトレー	6,100	7.6
	市場規模	79,900	100.0
(うちポップコーン)	ジャパン・フリトレー	6,000	63.2
	湖池屋	1,400	14.7
	東京スナック食品	900	9.5
	ハウス食品	650	6.8
	その他	550	5.8
	市場規模	9,500	100.0
ライス系スナック	江崎グリコ	1,750	46.1
	ブルボン	1,200	31.6
	亀田製菓	50	1.3
	その他	800	21.1
	市場規模	3,800	100.0
その他スナック	カルビー	2,900	36.7
	UHA味覚糖	1,600	20.3
	東ハト	1,250	15.8
	その他	2,150	27.2
	市場規模	7,900	100.0

資料) 富士経済『食品マーケティング便覧No.4』より作成.

頭となって値上げをおこなった．

　90年代の後半から現在までが，停滞の打破を模索している再編期である．スナック菓子全般が伸び悩むなかで，ファブリケートポテトの輸入が増加傾向にある．93年には日本に再登場した「プリングルス」がシェアを拡大し，カルビーもファブリケートポテトの「チップスレッテン」をドイツのバールセン社から輸入し，関東，関西の大手コンビニエンスストアでテスト販売をおこなった．また，カルビーが95年に国産生馬鈴しょを原料としたファブリケートポテトである「じゃがりこ」を販売し，カップ入り製品という携帯性のよさもうけて爆発的なヒットになった．

　一方ポテトチップはフレーバーの乱立状態にあり，それが1社あたりの売り場面積をせばめる格好となり売上が低下している．前掲表1-14は93年から2000年におけるスナック菓子の品目別販売の推移を示している．ポテト系についてみるとポテトチップが93年の1,021億円から2000年には951億5,000万円まで縮小しているのに対し，ファブリケートポテトは93年の290億円から94年には344億円になり，95年以降はカルビー「じゃがりこ」に主導されて市場は2000年には506億円にまで急成長している．

　カルビーはポテト系スナックにおいては国内産生馬鈴しょを使用したポテトチップ主体に展開してきた．しかし「じゃがりこ」のヒットは，輸入冷凍馬鈴しょやでん粉などを利用しても製造可能なヒット商品であるという意味で，大きなエポックといえよう．現在は国内産原料をもちいて製造しているが，スナック菓子製造業全体として生馬鈴しょの輸入解禁に向け政府への働きかけを見せており，今後の展開はわからない状況にある．2000年にカルビーは香港に新工場を竣工するなど，小麦系，ポテト系などのスナック菓子のアジア展開戦略に着手している．そのなかで一部製品には生産拠点海外化の兆しが見られている．

　また以前もたびたび店頭に登場しては，あまり定着はみられなかった輸入ポテトチップも近年，再び動きを見せている．2000年では数量で1万8,000トン，金額にして79億円の輸入がされている[19]．また，ポテト以外から製

造されたでん粉などを原料として利用する割合も多くなっている．

4. 食品加工業における原料調達の特徴

これまでみてきた食料品製造業は日本農業とどのように関係しているのか．ここでは原料の側からみた特徴をみてみよう．

まず，国内の加工向け青果物の仕向量を把握してみよう．表1-16は，加工用青果物を仕向先の加工場種類別に調査したものである．これによると263万トンの青果物が加工原料として使用されている．仕向先は品目によってほぼ特定されており，漬け物主体，缶・瓶詰主体，飲料主体，冷凍・その他主体の4タイプに分けられる．もっとも量の多いものは漬物用の大根59

表1-16 1995年の全国における加工原料用青果物の使用量

(単位：トン，％)

分類		仕向量計	生原料	中間加工原料(半製品)	うち輸入割合
漬け物主体	だいこん	591,776	59.7	40.3	4.5
	はくさい	181,824	97.5	2.5	1.9
	きゅうり	189,039	28.5	71.5	69.1
	うめ	104,090	30.6	69.4	31.9
	なす	44,964	46.4	53.6	52.8
	しろうり	17,272	20.7	79.3	44.5
缶・瓶詰主体	とうもろこし	162,521	63.2	36.8	36.7
	たけのこ	78,972	20.9	79.1	78.7
	いちご	17,781	10.3	89.7	75.0
飲料・ソース主体	にんじん	167,174	88.4	11.6	6.5
	トマト	328,921	17.3	82.7	82.2
冷凍・その他主体	ばれいしょ	495,945	99.0	1.0	0.5
	たまねぎ	172,527	79.1	20.9	14.9
	かぼちゃ	27,447	91.9	8.1	4.9
	キャベツ	55,833	96.3	3.7	2.5
合計		2,636,086	63.5	36.5	25.5

資料）農林水産省統計情報部「青果物加工場調査報告」平成7年度より作成．
注1）分類は主な仕向先によって区分した．
　2）輸入割合は仕向量計のうち輸入の占める割合である．

万トンであり，ついで馬鈴しょが49万トンとなっている．また，品目よって国内産の利用割合にも大きな違いがみられることが特徴である．トマト，たけのこ，いちご，きゅうり，なすは輸入の割合が高く，輸入原料型となっている．一方，だいこん，はくさい，にんじん，ばれいしょ，かぼちゃ，キャベツといった，根菜類や重量野菜は国内産原料が多く使われている傾向にある．また，輸入原料型の方が中間加工原料としての仕入れが多く，国内産型は生原料としての仕入れが多いという傾向がある．

それぞれの仕入れ方法について表1-17をみると，生原料の場合は農協や集出荷業者から仕入れる産地仕入れの割合が高くなっている．はくさい，き

表1-17 全国における加工原料用青果物の仕入先別仕入量

(単位：％)

分　　類	生　原　料				中間加工原料(半製品)	
	産地仕入れ	卸売市場	輸　入	その他	産地仕入れ	輸　入
漬け物主体						
だいこん	86.2	13.5	0.1	0.2	93.0	11.2
はくさい	38.4	60.3	0.2	1.2	26.1	73.9
きゅうり	28.4	69.0	1.6	1.0	3.3	96.7
うめ	98.5	1.5	—	—	53.3	45.4
なす	35.5	6.4	0.1	0.5	1.5	98.5
しろうり	62.5	36.9	0.5	—	43.9	56.1
缶・瓶詰主体						
とうもろこし	98.9	0.0	0.5	0.6	0.2	99.8
たけのこ	96.2	2.7	—	0.2	0.5	99.5
いちご	97.6	1.3	—	—	16.4	83.6
飲料・ソース主体						
にんじん	90.4	5.6	3.4	0.6	43.8	56.2
トマト	99.6	0.4	—	—	0.6	10.1
冷凍・その他主体						
ばれいしょ	96.8	1.7	0.2	1.2	56.1	43.9
たまねぎ	72.9	10.1	10.1	6.9	28.7	71.3
かぼちゃ	91.7	4.1	2.7	1.4	39.7	60.3
キャベツ	57.0	38.2	0.7	4.1	32.0	68.0
合　計	81.7	14.8	1.4	1.4	31.2	44.5

資料）　農林水産省統計情報部「青果物加工場調査報告」平成7年度より作成．
注）　産地仕入れとは，農協，集出荷業者，農家などから直接仕入れることを指している．

ゅうり，しろうり，キャベツはその中にあって卸売市場仕入れの割合が比較的高いという特徴がある．一方中間加工原料は輸入の割合が高い．輸入野菜の影響が国内の野菜価格低下をもたらしているということがよくいわれる．しかし野菜は生食野菜や，加工用生原料ばかりではなく，中間加工原料として日本に輸入され，間接的に国内の野菜価格に影響を及ぼしているのである．

　食料品製造業の原料調達方法についてもう少しみてみよう．食品産業にとっては工場を長期的かつ効率的に操業するためには，均質な原料を安定的に調達することが重要な点である．そのためには契約栽培が重要な方式といわれている．実際には，食品製造業はどのように原料を調達しているのであろうか．農水省統計情報部が2000年にまとめた「食品製造業における農産物需要実態調査報告」から食品製造業における原料調達の状況をみてみよう．

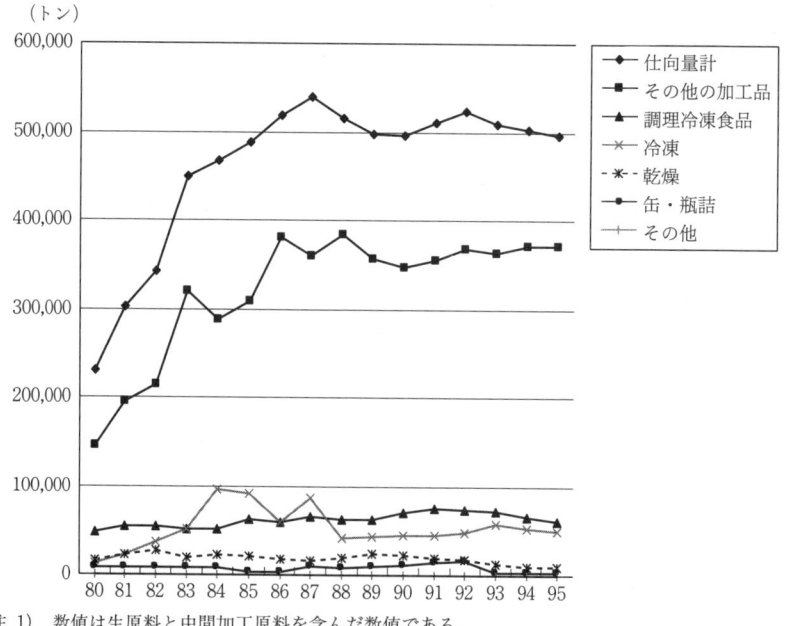

注 1) 数値は生原料と中間加工原料を含んだ数値である．
　 2) 輸入原料も含まれている．
　 3) その他は，漬物，ソース，飲料の加工場仕向である．

図 1-11　馬鈴しょの加工場種類別仕入量

調査への回答があった965事業所のうち，現在契約栽培による調達を行っている事業所は29.9％となっており，残りの約7割は契約栽培を行っておらず，また全体の6割は今後も契約栽培を行う意向はないと回答している[20]．業種別では野菜漬物において契約栽培による調達割合が61.8％と多くなっているが，それ以外の業種では1～3割程度にとどまっている．

同じ調査によると，生原料における輸入原料の利用については，豆腐類，納豆ですべて輸入原料で行っている割合が3割ほどとなっているが，それ以外の業種では1割以下である．全体では85.8％の事業所で何らかの形で，国産の生原料を使用している結果となった．

では，最後に加工場における馬鈴しょの仕入れ状況についてみてみよう．図1-11をみると，馬鈴しょの仕入量は80年の23万トンから徐々に増加していたが，前述したように86年を境にして国内の馬鈴しょ加工業は転換点を迎え，87年に54万トンをピークにその後50万トン前後で停滞している．仕向先別には，コロッケを主とする調理冷凍食品，冷凍ポテトが割合を下げて，その分スナック菓子などを主とするその他の加工品の割合が高まるという傾向にある．

5. 馬鈴しょ関連産業の現段階

加工型の馬鈴しょ関連産業も，他の食料品製造業と同様に80年代中頃の経済構造調整下で，円高の進行などにより国際競争に直面している．

冷凍食品産業は，フレンチフライやコロッケの生産を中心に展開してきたが80年代中頃の円高の進行によって輸入品価格が低下し，それとの競争に直面して生産額は停滞，縮小してきた．

70年代後半から急拡大してきたスナック菓子産業は，80年代中頃から食料品製造業全体で進展した輸入原料の増大や生産拠点の海外移転といった変動とは異なり，国内生原料主体の生産を継続してきた．

原料調達という点から今後の馬鈴しょ関連産業について展望してみれば，

次のようなことがいえるのではないか．近年は食の安全性に対する認識の高まりのもとで，遺伝子組み換え食品に対する関心が高まっている．実際にスナック菓子を中心としていくつかの製品から遺伝子組み換え馬鈴しょを使用していることが問題となっている[21]．したがって輸入原料への依存が不可逆的にすすむとは考えられないが，国内産原料の絶対的有利性を示すものでもない．例えば加工有機青果物や，海外産コシヒカリの輸入などが食料品製造業や総合商社によって進められている事態を見れば明らかであろう．

スナック菓子産業は戦後の中小企業に系譜をもつカルビーなどの企業が市場の主役を演じ，大手加工資本は後発であるばかりでなくそのシェアは限定的であった．しかし最近では，生原料を使用したポテトチップ市場が飽和に達して縮小傾向にあるなかで，ファブリケートポテト市場が輸入原料に依存しながら拡大している．そうした事態をうけて，カルビーも積極的に海外進出の準備を開始している．

いずれにしても馬鈴しょ関連産業は他の食料品製造業と同様に国際競争にさらされている．特に近年では国産加工用馬鈴しょの需要を支えてきたポテトチップ産業までもが大きな転換期にさしかかっているのである．

注
1) 食品産業とは，食料，飲料を消費者に提供するまでの過程を担っている諸産業であり，大別すると食品製造業，食品流通業，外食産業の3つに分けることができる．さらにこれらに物流業（倉庫，冷蔵倉庫，運輸），食品機械製造業，容器・包装資材製造業等が含まれることもある．
2) 黒柳［1997］303-306頁を参照のこと．
3) 飯澤［2001］第2章「戦後農産加工業の展開過程」を参考にした．それでは80年代前半までしか区分していないが，それ以後に第4期を付け加えた．
4) 三国［1976］を参照のこと．
5) 飯澤・玉・美土路［1983］を参照のこと．
6) 同上書，315頁を参照．
7) 飯澤［1984］405-406頁．
8) 岡田［1998］201頁を参照．
9) ここでいう食料品製造業には，以下の産業が含まれている．畜産食料品製造

第 1 章　馬鈴しょ関連産業の展開と特質

業，水産食料品製造業，野菜缶詰・果実缶詰・農産保存食料品製造業，調味料製造業，糖類製造業，精穀・製粉業，小麦粉製造業，パン・菓子製造業，動植物油脂製造業，その他の食料品製造業．

10) 冷凍馬鈴しょに関して，61 年に自由化されたのは未調理，蒸気または水煮のものと，加熱したもの，71 年には調整したもの，調整したマッシュポテトが自由化されている．

11) 生馬鈴しょは輸入禁止地域からの輸入が植物防疫法上で禁止されてきた．馬鈴しょに関して対象となる有害動植物は，じゃがいもがんしゅ病菌，ジャガイモシストセンチュウ，ジャガイモシロシストセンチュウである．99 年には農水省が「植物検疫における輸入解禁申請に関する検証の標準的手続について」を発表して，輸入解禁に向けた取り組みが開始されている．申請のある地域は，オランダ産ばれいしょ生塊茎，ハンガリーのじゃがいもがんしゅ病の無発生地域の認定，アメリカ合衆国産ばれいしょ生塊茎，チリのじゃがいもがんしゅ病の無発生地域の認定である．

12) 安東［1976］593 頁より引用．

13) 日本冷凍食品協会の資料によると，2001 年の冷凍食品約 150 万トンのうち，業務用が 68.8％，家庭用が 31.2％となっている．この割合は 80 年代から現在までほぼ変化していない．

14) 岸［1996］183-184 頁を参照のこと．

15) 『酒類食品統計月報』2001 年 5 月号，28-30 頁を参照のこと．

16) フード流通経済研究所「フードニュース新年特集号」2002 による．

17) 大手ポテトチップメーカーの操業開始をみると，カルビーがスナック菓子の製造を開始したのが 1954 年，湖池屋は 1958 年設立，山芳製菓は 1953 年設立である．

18) カルビーの企業戦略に関しては，高島［1998］を参照のこと．

19) 財務省貿易統計による．

20) この調査は野菜および大豆を原料として食品を製造する 1,000 事業所を対象に調査を行い，うち 965 事業所から得た回答をまとめたものである．対象業種には「野菜漬物」，「ソース類」，「豆腐類」，「冷凍調理食品」，「惣菜」，「納豆」，「その他」である．対象品目は「だいこん」，「にんじん」，「はくさい」，「なす」，「トマト」，「きゅうり」，「たまねぎ」，「さといも」，「かぼちゃ」，「とうもろこし」，「ブロッコリー」，「大豆」である．

21) 2001 年 5 月にはハウス食品製造の「オーザック」，同年 6 月にはカルビーの「じゃがりこ」にそれぞれ遺伝子組み換え馬鈴しょが検出され企業によって回収される騒ぎとなっている．農水省の発表した「遺伝子組替えに関する表示に係わる加工食品品質表示基準」によると，2001 年 4 月 1 日以降に製造，加工，輸入されたものを対象に表示義務を定めている．対象となる農産物は，大豆（枝豆および大豆もやしを含む），とうもろこし，馬鈴しょ，なたね，綿実である．

馬鈴しょに関する加工品としては，冷凍馬鈴しょ，乾燥馬鈴しょ，馬鈴しょでん粉，ポテトスナック菓子，そしてこれらを主な原材料とするものである．

第 2 章　十勝畑作農業の展開と農協

　耕地面積 25 万 7,200ha，7 割近い専業農家よりなる 7,250 戸の農家が，1 戸あたり平均 35.5ha の火山灰を中心とした耕地に，小麦，馬鈴しょ，てん菜，豆類，野菜を作付け，乳牛，肉用牛を飼養して生み出す農業粗生産額は，2,000 億円を超える．日本農業の中で，いつも外国のように扱われる北海道農業の中でも，十勝農業の様相はひときわ際だっている．畑作物，野菜類，酪農，肉牛．こうした品目で日本を代表する産地を形成しているのである．

　このような畑作，酪農地帯としての十勝農業の姿は，歴史的に変遷を辿ってきた．戦前から 1950-60 年代における「赤いダイヤ」といわれた小豆に代表される豆作主体の投機的農業は，豆成金と同時に多くの困窮する農民を生み出した．不安定性の強い農業からの転換の必要性が古くから叫ばれてきたが，それが 1954 年，1956 年の連続冷害を契機として転期を迎えた．機械化の進展と相まっててん菜，澱原用馬鈴しょという根菜類主体の農業へと転換した．その過程で畜力としての家畜飼養がトラクターに取って替わられ，畑作，酪農それぞれが規模拡大の必要に迫られる中で，畑作酪農混合経営から，畑作専業，酪農専業経営への分化が進んでいった．このいわゆる「近代化」の過程は，矛盾をはらむものであった．複合経営のもつ耕畜連携の循環が断ちきられ，さらに根菜類の連作が地力問題をもたらした．地力問題の解決をはかるため小麦の導入が進められ，70 年代に入って農協による収穫体系の整備と価格政策によって作付が増加した．

　この結果，小麦，てん菜，馬鈴しょ，豆類という現在につながる畑作 4 品の土地利用体系の原型が形成されたのである．さらに 80 年代になると，原

料畑作物の支持価格低下にともなって野菜類および生食,加工用馬鈴しょなどの集約作物の導入が進み現在に至っている.

こうして現在の十勝畑作農業は,小麦,てん菜,澱原用馬鈴しょ,大豆といった原料畑作・政府管掌作物,生食用馬鈴しょ,根菜類を中心とした野菜類などの生鮮・自由市場作物,小豆,菜豆などの豆類,といったいくつかの性格をもっている.そのなかで,加工用馬鈴しょは原料畑作物かつ自由市場作物であるという特徴を持っている.

こうした十勝農業の展開を支えたものとして,大きく2つの要因が挙げられよう.1つには,先取の気風,起業的性格に富むといわれる十勝農民の気質である.戦前から海外の雑穀相場相手に経営をおこなってきたその気質は,戦後においても引き継がれている.基本法農政による「近代化」においても農政が意図する様々な政策をいかに地域の自然条件,経営条件に合うよう適用するのか.そこには様々な格闘があった.

もう1つが農協である.政策の受容・実施機関として農協は大きな役割を果たした.作物毎の集出荷施設の整備は,原料畑作地帯という現在の十勝農業を形成する上で重要な役割を果たした.施設整備以外にも,農家の規模拡大に対応した資金貸付や資材購買をおこない,十勝は「開発型農協」といわれた北海道の特徴を最も代表する地域であった[1].この過程は,農協による農家の「インテグレーション」や農協の経営主義として,農家経営よりも農協経営を優先した事業展開である,という痛烈な批判がなされてきた.こうした批判は確かに当を得たものであったが,農協においても急速に進んでいく地域農業の変貌にいかに対応するのか,様々な模索,格闘がおこなわれた.こうした過程で,後述するような農協や農協連合組織による加工工場も生まれたのである.

「基本法農政の優等生」といわれた十勝農業は,決して政策に大人しくしたがう優等生ではなく,農民,農協,加工資本,農政,これらの格闘の歴史としてみることができるのである.

本章では,十勝の畑作農業の展開,特に1970年代に入って開始された澱

原用馬鈴しょから加工用途への転換における農協，農民の組織的対応の全体像を明らかにすることを課題としている．十勝畑作農業の地域性を明らかにした上で，農協による流通加工過程の広域的対応の整理をおこない，さらに農協と農民をつなぐ組織である生産部会の機能について分析する．そうした全体像を整理した上で加工用馬鈴しょへの組織的対応について明らかにする．

1. 畑作農業の展開と地域性

　十勝の農業はチューネン圏にもたとえられるような地域性をもって展開している．地域性は農耕期間中の積算温度と，湿性火山灰土と乾性火山灰土といわれる排水の良不良に代表される土壌条件によって規定されている[2]．これら条件の結果として帯広市近辺を中心とした同心円状に，中小規模畑作地帯，大規模畑作酪農混合地帯，酪農地帯が展開している．それらに自然条件等も加味して市町村単位で区分をおこなうと，図2-1のように中央部，周辺部，山麓部，沿海部という4つに区分され，中央部および周辺部が畑作地帯，山麓部，沿海部が酪農地帯とされる．以下ではこうした地域区分を前提にして分析をおこなう．

　まず，畑作地帯と区分される中央部，および周辺部の特徴を概観しておこう．中央部は，総経営耕地面積が約80,000haである．周辺部に比較して収量が高く安定的であり，その意味で畑作物の優等地として位置づけられる．入植時期も比較的早く，また離農も少ないために農家の規模拡大は停滞的であり，現在は中小規模の畑作専業地帯となっている．2000年センサスによると1戸あたり経営面積は24haである．中小規模であるために作付も集約作物の導入が進み，80年代に入ってからは長いも，ごぼうなどの根菜類の導入がすすんでいる．労働力は60歳以上の男子専従者のいる割合が76.3%であり，全国的にみると非常に高い数値ではあるが，周辺部の82.3%よりは低い．また，60歳以上の経営者割合でも27.8%と周辺部より7.7ポイント高くなっている．このように比較的高齢化が進展しているのが特徴である．

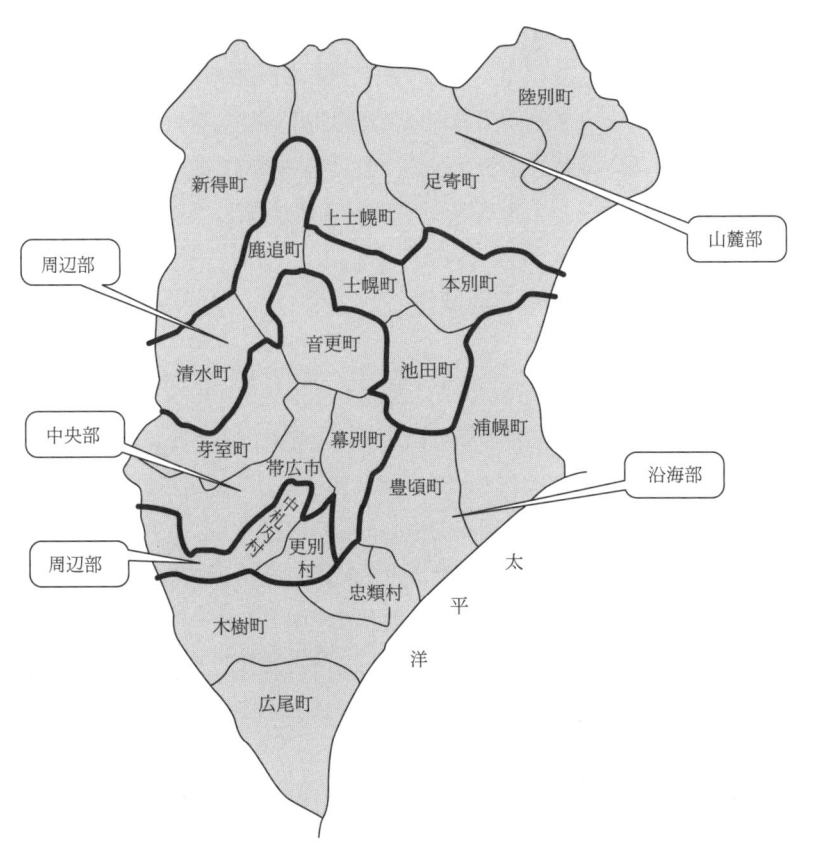

注) 以下の地帯区分は特に注記がない限りこの区分を用いる．

図 2-1　十勝の地帯区分

　また近年は収穫作業に手作業を残している馬鈴しょの作付が減少すると同時に，大規模農家や高齢化農家において省力的な小麦の割合が増加するというような土地利用がみられている．

　一方周辺部は，積算温度が低く，反収も低いなど低生産性のために自立限界規模が大きく，大量の離農をともないながらも残存農家の規模拡大がすすんできた．2000年センサスによると1戸あたり経営面積は29haである．大規模化にともなう機械投資も進み，一時は負債問題も取り上げられたが現在

は労働生産性を重視した原料畑作物主体の大規模畑作経営が広範に展開するようになっている．一部地域では家族労働力による規模拡大が限界に達しており，機械投資による負担も高まっている．

2. 農協による施設整備とネットワークの形成

図2-2は十勝における畑作物作付面積の推移を示したものである．戦後の十勝畑作農業の展開を作物の変遷によって区分すると，①戦後から1960年代はじめまでの豆作主体期，②1961年の基本法農政を起点とし1970年代の総合農政下で政策的に規模拡大と機械化がはかられ，澱原用馬鈴しょ，てん菜の増加がみられた根菜類拡大期，③74年に小麦の奨励金交付が開始され，農協主導による収穫体系の整備によって労働生産性が著しく向上したことで麦類の作付が増加した畑作4品確立期，④80年代に入ってからそれまでの政府管掌作物主体から，野菜類，生食，加工用馬鈴しょといった自由市場作

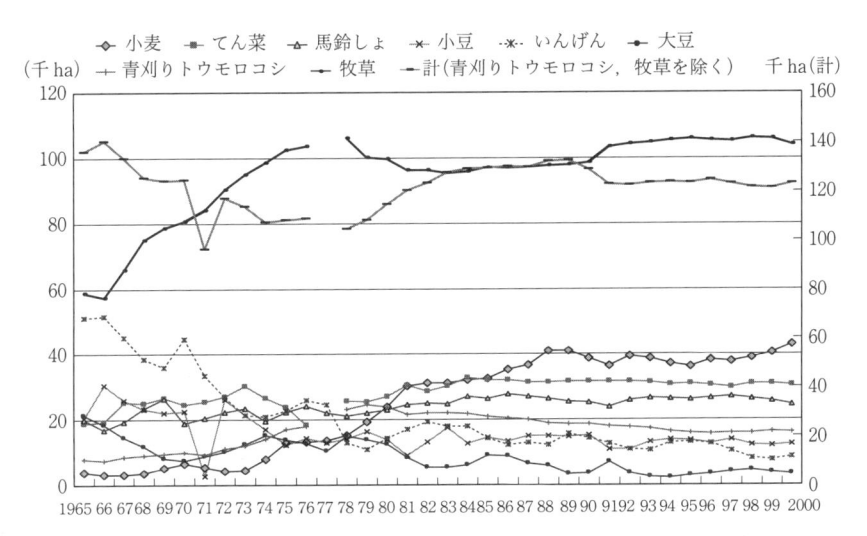

資料）北海道農林水産統計年報市町村別編各年次より作成．

図2-2 十勝支庁における主要畑作物作付面積の推移

表 2-1 畑作物加工における農協系統組織の対応

	ホクレン	農協連合組織	備考
1931	上川販聯との合併により精米事業開始		
1933	野付牛薄荷再製工場(北見)		
1935	小樽豆撰でん粉工場		
1951			北海道農村工業協同KK留寿都工業操業開始(クレドール興農株式会社の前身)
1955		士幌町農協合理化でん粉工場建設(近隣5農協)	
1958	中斜里製糖工場		
1959	中斜里でん粉工場		留寿都村に合理化でん粉工場
1960	小樽豆撰でん粉工場を小樽食品工場に改称(小袋豆, 片栗粉製造)		
1961	芽室でん粉工場		
1962	清水製糖工場		
1965		津別町他4農協で美幌地方農産加工農業協同組合連合会設立, 合理化でん粉工場操業	
1968		中札内村に南十勝農産加工農業協同組合連合会(でん粉)	
1969		本別町にホクレン東部十勝合理化でん粉工	
1970	小樽食品工場を小樽穀物調製工場に改称. 北見地区穀物調製工場		
1971		ホクレン東部十勝合理化でん粉工場を東部十勝農産加工農業協同組合連合会が譲受	
1973		士幌町農協が馬鈴しょ加工の北海道フーズ設立(近隣5農協)	
1975	開発研究部新設		
1980	三笠食品工場(スイートコーン, 冷凍米飯)		
1981	開発研究部を農業総合研究所に拡大, 改称		
1985	十勝食品工場(スイートコーン, 馬鈴しょ, 豆類)		
1987	共同会社グリーンズ北見設立(玉ねぎ加工)		
1994		芽室町農協がジェイエイメムロフーズ操業	
2000	三笠食品工場冷凍米飯加工処理施設竣工 山梨馬鈴しょサラダ工場操業(ケンコーマヨネーズとの共同会社)		

資料) ホクレン記念誌, ホクレン内部資料, 各農協記念誌, 聞き取り調査等より作成.
注) 単協による加工事業に関しては省略し, ホクレンおよび農協の連合組織によるもののみを記載している.

物の導入がすすんだ「第5の作物」導入期,と分けられる.

　こうした新しい作物の導入,定着を支えたのが,農協を中心としておこなわれた流通加工施設の整備であった.そこでの農協の対応には,大きく次の2つがあった.1つは,麦,豆類にみられるように主として単協段階で集荷,調製,貯蔵施設の整備をはかるというものである.もう1つは,澱原用馬鈴しょ,てん菜にみられるように主としていくつかの農協が連合し,または系統組織によって自ら工場を設立,運営するというものである.表2-1は農協系統組織における畑作物施設整備の展開過程を整理したものである.以下では展開過程を,農協によるもの,系統組織および農協連合組織によるものに区分して明らかにする.

(1) 農協による流通施設整備

　まずは,図2-3によって施設整備の過程を農協の有形固定資産額の推移から見てみよう.60年代までは各地域ともに増加は少なく,地域としての違いもみられなかったが,70年代に入って中央部ではいち早く畑作専業地帯への転換がみられ,それにともなった施設の整備が進んだ.そして70年代後半には小麦作の本格的拡大にともない中央部,周辺部で小麦の乾燥調製施設の整備が進み,固定資産額は増加している.周辺部では80年代に入って一時横ばい傾向を見せるが,中央部では野菜作の導入や馬鈴しょの作付転換に対応した施設の整備が進み,周辺部でも80年代後半になって後追い的な展開を見せている.

　では品目別に詳しくみてみよう.まずは豆類である.これには,やや特殊な事情がある.豆類は,収穫後に汚れを落とし磨きをかけ,さらに粒の状態を均一にしてから販売される.そうすることで素俵といわれる収穫したものとは別の製品となり,付加価値をもつ.自家労働によって豆類の収穫後,農閑期にそうした調製(手選り)をおこない,自ら販売するという農家もいるが現在ではほとんどが収穫したものをそのまま農協に出荷し,農協がそれを買い取り,調製して販売している.買い取りとの売買差益が農協の販売事業

(百万円)

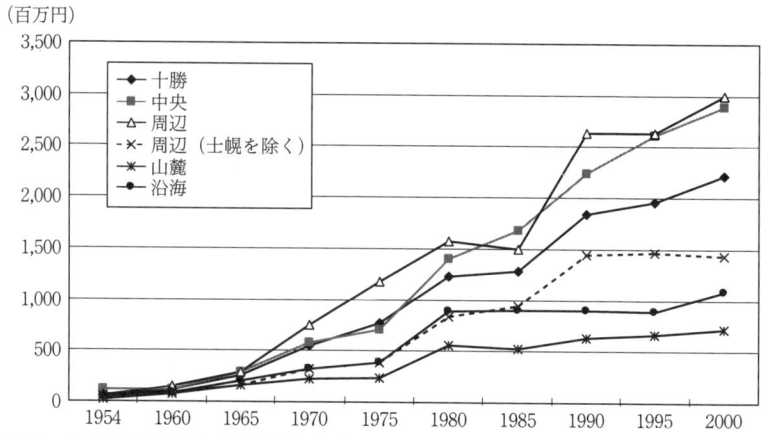

資料)「北海道農協要覧」各年次より作成.
注 1) 95年を100とした農業生産資材総合物価指数でデフレートした.なお2000年の指数は2月時点のものである.
 2) 地域区分は,図2-2と同じであり,当該市町村にある農協をそれぞれ集計して平均値を算出した.
 3) 本来ならば1954年ではなく1955年の数値をとるべきであるが,資料制約のため54年の数値とした.
 4) 十勝酪農協および足寄開拓農協を除いた数値である.
 5) 周辺部に含まれる士幌町農協の数値が他の農協に比較して著しく大きいため,それを除いた数値も示している.

図2-3 十勝の農協における有形固定資産額の推移

収益を左右するという構造になっている.

そのため買い取った豆からより多くの製品を調製するという技術が農協の収益を左右することになる.そこで農協は積極的に豆類の乾燥調製施設の整備を行ってきたのである[3].

次に小麦についてみてみよう.製粉産業では,国内産の麦を主原料とする内陸部に位置する「山工場」から,安価な外麦に依存するために輸入しやすい沿海部の「海工場」へと再編がなされたのであるが,「安楽死」させられてきた日本の小麦生産の主産地である北海道においても,そうした市場再編にあわせた形での対応がとられた.次にみるような澱原用馬鈴しょやてん菜などの生産地立地型工場とは異なり,農協自らが工場を運営するといった展開はとられずに,「海工場」へ向けて調製した小麦を大量に流通させるため

の体制整備がなされたのである．

　具体的には効率的な収穫体系の整備と農協を単位とした乾燥調製施設が整備され，それらを統合して十勝の広尾港から輸送するシステムが構築された．

　収穫調製体系の中身をみると各農協によってそれぞれ異なった対応がみられた．大きく分けると，1つには複数の集落毎に農家が主導となってミニ乾燥調製施設を整備し，そこで予備乾燥をおこない，その後農協の施設へと運搬して本乾燥調製をおこなうというものである．もう1つが，完全に農協施設へ1本化して対応するというものであり，若年層を中心とした農家がコンバインのオペレーターとなり，農家と農協が共同でたてる作業計画をもとにして収穫をおこない，農協の施設へ集荷して乾燥するというものである．

　前者の例としては士幌町農協，音更町農協など，後者として更別村農協などがある．

(2) 流通加工施設に関するネットワークの形成

　十勝ではこのように農協が積極的な施設投資をおこない，流通・加工体系を整備してきた点が特徴であるが，もう1つの特徴は，複数の農協がネットワークを形成しながら施設利用をおこなってきた点である．そうしたネットワークは施設利用のみではなく，販売面にも及んでいる．

　てん菜および澱原用馬鈴しょでは古くから，複数の農協が共同で施設利用を行ってきた．製糖業およびでん粉製造業は，その原料が根菜類であることから輸送コストがかかるため産地立地型工場という特質をもっている．また制度的にも国内原料依存であるため，農協の連合組織および系統組織によって工場を建設して農民自らが加工事業を行うことが可能であった．こうした産業的特質は当然，農民工場の「可能性」を示すに過ぎない．実際の農民工場の建設は既存の資本との原料集荷競争を招くものであり，その実現には非常に大きな困難がともなったのは当然のことである[4]．また，各地域の有力者たちが競い合うようにして工場誘致に奔走するという事態をも引き起こし，農民の利益と反するような計画もみられた．

まずはてん菜についてみてみよう．製糖業ではそうした原料集荷競争は1960年代になって政策および誘致合戦の展開によって工場の建設が相次いだことによって激化した．60年の長期振興計画をもとに62年には大日本製糖本別の建設が許可され，さらに池田（明糖），由仁（芝浦），富良野（台糖），芽室（名糖）が指定増産担当区域とされた．そうした相次ぐ工場の建設によって原料不足を引き起こし，工場操業率の低下による製造コストが原料価格へしわ寄せされることになった．1962年にはてん菜耕作農民が日甜帯広製糖所において原料搬入阻止をおこなう事態も発生している[5]．

63年には長期計画が作付の伸び悩みで変更されることになり，北海道てん菜生産振興審議会が発足して64年から68年までの「てん菜生産計画」がたてられた．その中で現状に見合った目標が立てられ，新設工場問題に終止符をうつために，全道を9工場の原料ビート集荷区域に分け，均等操業がはかられることとなった．

こうした情勢下の62年にホクレンも清水町に製糖工場を建設している．その後製糖工場も再編が進み2001年現在における十勝の製糖工場とその集荷範囲は図2-4のようになっている．

集荷体系は主として製糖資本によって整備がなされ，工場への一元集荷体制が整備されている．

では次に澱原用馬鈴しょについてみてみよう．十勝には中小の零細なでん粉業者が多く存在しており，それらが前期的な方法によって農民を搾取していた．そうした事態に対して農協自らがでん粉工場を運営するような展開がみられはじめ，徐々にそうした前期的加工資本を駆逐していくことになる．それが決定的となったのが士幌町農協が55年（56年操業）に建設した合理化でん粉工場である．表2-2は北海道におけるでん粉工場の推移を示しているが，56年当時道内に1,804工場あったが，60年には合理化工場は21にふえ，在来工場は1,117までに減少している．60年代に入ってからは合理化でん粉工場が各単位農協でもいくつか建設された．61年にはホクレンによって芽室町に建設され，68年には南十勝の農協が共同で南十勝農産加工農業

第2章　十勝畑作農業の展開と農協　　　　　　　　　　　　65

ホクレン清水製糖工場

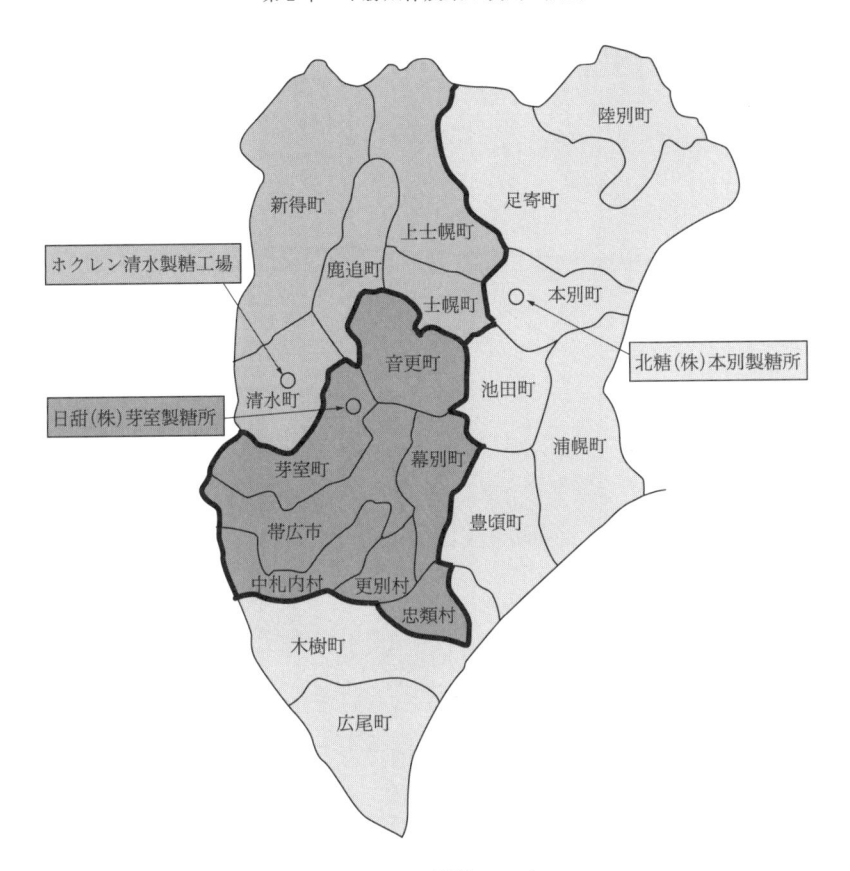

日甜(株)芽室製糖所

北糖(株)本別製糖所

2000年における工場の状況（単位：トン）

工場名	原料処理量	砂糖生産量
日本甜菜製糖(株)芽室製糖所	950,378	147,373
北海道糖業(株)本別製糖所	351,694	53,908
ホクレン清水製糖所	339,853	51,294
十勝3工場計	1,302,072	252,575

資料）十勝農業協同組合連合会「2001十勝の農業」より転載.

図2-4　十勝における製糖工場の状況

表 2-2 北海道におけるでん粉工場数の推移

	工場数			1工場あたり平均でん粉生産量（トン）	でん粉生産量（トン）
	合理化	在来	計		
1882	—	—	1	0.9	1
1894	—	—	658	0.9	592
1912	—	—	9,000	0.9	8,100
1916	—	—	18,715	2.7	50,130
1920	—	—	40,387	2.7	28,045
1926	—	—	1,945	27	52,515
1930	—	—	1,447	27	39,069
1935	—	—	1,806	42.8	77,297
1940	—	—	2,086	33.8	70,507
1945	—	—	2,558	48.5	124,063
1950	—	—	2,500	46.4	116,000
1955	—	—	1,900	66.7	126,520
1956	1	1,803	1,804	66.8	120,450
1957	2	1,660	1,662	81.4	135,300
1958	9	1,490	1,499	98.5	147,700
1959	17	1,256	1,273	122.0	156,200
1960	21	1,117	1,138	158.0	179,800
1961	23	1,005	1,028	184.8	190,000
1962	24	814	838	162.9	136,500
1963	26	757	783	192.3	150,600
1964	26	631	657	27.6	182,400
1965	30	511	541	454.7	246,000
1966	34	318	352	354.5	124,800
1967	40	240	280	746.4	209,000
1968	44	188	232	1,387.9	322,000
1969	45	150	195	1,256.4	245,000
1970	42	74	116	2,103.4	244,000
1971	38	60	98	2,346.9	233,000
1972	32	43	75	3,426.6	257,000
1973	30	40	70	2,474.3	193,000
1974	30	30	60	2,382.3	162,000
1975	30	20	50	3,940.0	197,000

出典）『南網走農協のあゆみ第3巻』南網走農協記念誌 p. 249〜250.
資料）元資料は北海道庁および北海道食糧事務所調べによるものである.
注）在来工場数の1973-75年は推定値である.

第 2 章　十勝畑作農業の展開と農協

協同組合連合会（南工連）を建設するなど，農協の連合組織およびホクレンによってでん粉工場が次々と整備されていった[6]．

その後でん粉需要の減少にともなう工場の再編が進み，現在では図 2-5 にみるような地域を範囲としてでん粉工場が操業されている．

80 年代に入って展開した野菜作の販売は，主産地として確立した農協のブランド名のもとで近隣で生産されたものも販売するという，広域的対応がなされてきたことが特徴である．十勝の野菜作の展開は，帯広大正農協における関西市場向けのメークインなどですでに 70 年代前半から産地化の動きがみられた．そして 70 年代後半から 80 年代に入ってから中央部を中心として長いも，ゴボウ，大根など根菜類を中心として産地が形成されていった[7]．そうして確立した産地銘柄をもとにして，集荷範囲を近隣農協管内へ拡大して統一銘柄によって販売している．表 2-3 からもわかるようにいくつかの農協が集まり，集荷した農産物を統一銘柄によって販売している．

表 2-3　十勝における作物別広域取扱実態

取扱品目	出荷農協	ブランド名	取扱品目	出荷農協	ブランド名	取扱品目	出荷農協	ブランド名
ジャガイモ	音更町 木野 士幌町 上士幌町 鹿追町	士幌町	ダイコン	帯広川西 芽室町	芽室町	カボチャ	鹿追町 音更町 幕別町	音更町（十勝の野菜）
			ダイコン	忠類村 大樹町 広尾町	大樹町	ゆり根	帯広川西 忠類村	忠類村
ジャガイモ	十勝高島 豊頃町	十勝高島	ニンジン	芽室町 新得町 十勝清水町	新得町	グリーンアスパラ	帯広川西 芽室	帯広川西
ながいも	帯広川西 芽室町 中札内 浦幌 足寄	川西長芋	ニンジン	幕別町 豊頃町 浦幌町	十勝人参	ゴボウ	帯広川西 中札内村 芽室町	芽室町
ダイコン	豊頃町 浦幌町	十勝大根	ニンジン	芽室町 音更町 幕別町	音更町（十勝の野菜）	タマネギ	帯広市 帯広大正 木野	木野（十勝の野菜）

出典）　小林 [2001b] 102 頁より引用．
資料）　JA 北海道中央会調べ．「勝毎農業ガイド」平成 12 年 6 月 7 日付掲載記事より作成．

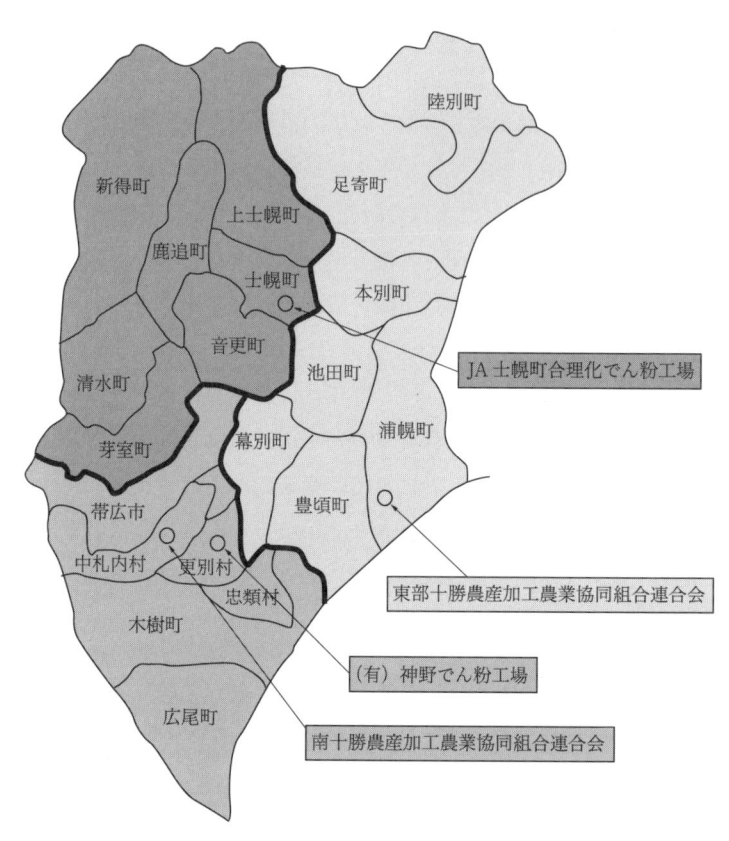

2000 年における工場の状況（単位：トン）

工場名	原料処理量	でん粉生産量
南十勝農産加工農協連合会	115,200	22,741
ホクレン芽室でん粉工場	91,631	19,768
東部十勝農産加工農協連合会	83,772	18,474
士幌農協でん粉工場	71,963	14,942
(有)神野でん粉工場	5,527	778
十勝5工場合計	368,093	76,703

資料） 十勝農業協同組合連合会「2001 十勝の農業」より転載．

図 2-5　十勝におけるでん粉工場の状況

(3) 十勝農協ネットワークの新展開

　十勝地域の農協間ネットワークにおいて，忘れてはならないものが十勝農業協同組合連合会（十勝農協連）の存在である．これは昭和23年8月に農畜産物の生産指導事業を主な事業とする地区生産連として設立されたものである．同様の連合会は他の地域にも設立されたが，現在にまでその機能を果たしているという点で特徴的である[8]．農協連は十勝管内の農協が会員となり，企画室，総務部，農産部，畜産部，電算事業部からなっている．農産部は，畑作・園芸の振興とともに種の増殖，普及をおこなっている．後述するように，馬鈴しょの種に関しても十勝農協連は重要な役割を果たしている．また，土壌分析，残留農薬分析，日本で唯一の根粒菌製造配布事業も行っている．畜産部は，優良種畜の導入，共進・共励会，技術対策，乳成分分析などをおこなっている．電算事業部では農業システムの構築とともに近年では生産履歴記帳システムの実用化を進めている．

　このように生産技術にかかわる事業を行ってきたが，十勝農協連では新たに「JAネットワーク十勝」という構想を掲げている．十勝地域は1994年に十勝1農協構想をかかげ，当面は同一行政内における複数農協の合併を優先しようとした．しかし，その第1段階においてもスムーズにはいかなかった．また，先述したようにこれまでも加工施設や集出荷施設などにおいて農協間協同を形成してきた歴史がある．そこで，JAネットワーク十勝という方向を模索しているのである．管内1農協合併を早急に進めると，農協の独自性の喪失につながり，組合員との距離の拡大，財務基準の調整に時間を要するなどの問題がある．一方，管内の部分合併を進めれば，十勝全体としてのスケールメリットが出せなくなる．

　そこで，JAネットワーク十勝では，各農協の財務基盤強化を進めつつ，「合併ありき」ではなく農協間協同を積み重ねて，各農協事業のレベルアップを図っていこうというものである．合併という組織整備よりも，機能の整備・強化の優先をめざすものである．この取り組みの中で，農協連が酪農の技術員を雇用し，各農協の営農指導事業と一体となりながら，大型法人など

へ技術指導をおこなう「フィールドアドバイザー」という事業を2004年度から開始している．これは，農協連が単協の技術指導を肩代わりするものではなく，単協職員と一緒に事業を行うことで，単協自体の営農指導事業の強化を目的とするものである．

また，農産関連でも農協連，農協の生産販売事業担当職員，ホクレンの生産資材担当職員，農業改良普及センターなどで共通の課題を設定して，馬鈴しょの疫病蔓延防止対策，安全・安心対策の推進，生産コスト低減対策などを検討している．

北海道でも近年急速に広域合併が進展している．その中で，十勝は1農協構想を掲げつつも，組織よりも機能の充実を優先したあらたな農協組織のあり方を模索しているのである．

3. 地域農業の組織化

(1) 畑作農業における集落機能

集落は個別農業経営が活動をおこなう「場」であるといわれ，また，農協が事業を行っていく上での組織基盤の機能も果たしている．北海道においては都府県でみられる自然発生的な自治機能を持った「むら」は存在せず，北海道の農村は「農事実行組合型」[9] 村落といわれ，生産と生活が分離された機能的結合によって村落が形成されてきた．そのため個別経営や農協事業の変化によって，村落機能も変化していった．

畑作地帯においては，経営専門化にともないそれまでの集落組織とは別に作物毎の専門部会が組織されたが，「稲作・酪農地帯と同じ意味で集落組織と特定作目との結合関係を見いだすことは困難」[10] であり，部会による作物別組織化が進んでも基本的には旧来の「農事実行組合」型村落が維持された．農事実行組合から選出された部会の代表者を経由してん菜，澱原用馬鈴しょの出荷調整や小麦の収穫作業調整などの機能が果たされたのである．

また，こうした組織は生産調整の場面においても機能された．十勝では，

84年から順次てん菜，菜豆類，澱原用馬鈴しょにおいて，農協による自主的対応として作付指標という生産調整がなされてきた．そうした生産調整は，離農跡地を取得した農家に，離農した農家が割り当てられていた出荷枠をそのまま継続させるのかどうか，という問題を引き起こした．生産調整は基本的には集落単位で割り当てられ，それを集落が個別農家に割り当てるという対応がなされてきたため，離農跡地を集落内の農家が取得する場合には，集落で再調整をおこなうというように問題とはならなかった．しかし，集落外から入り作をする場合に，そうした集落の調整機能に再び注目を集めさせることになった[11]．

現在でもこうした集落機能が維持されている一方で，機能が低下している場面もみられている．それは信用保証の場面においてである．戦後まもない時期における農家と農協との一番の結びつきは信用事業を通じたものであった．終戦直後の農協は資金不足に陥っていたが，農家も同様であり，特に不安定な豆作主体農業のもとでは，営農資金の確保が農家にとって毎年の大きな課題であった．

農家は農協から資金を借り入れ，それを出来秋に現物出荷することで返済していたが，1960年代初頭に「組合員勘定制度（以下組勘）」が開始されて農産物担保金融が農家の営農資金を支えることになったのである[12]．

そしてこうした金融を保証したのが，債務農家が農協に出荷することを集落の連帯責任で保証する「連帯出荷誓約」，「連帯保証人制度」であり，いずれも集落の連帯保証によって成り立っている．これらは戦前の産業組合時代から農事実行組合を単位として形成されてきたシステムである[13]．更別村のある集落の事例では，組勘の借入の際に個人保証人2名，担保，農事組合長の許可が必要であり，債務農家の営農計画の検討が農事組合長を中心におこなわれた．

しかしそうした集落を基盤とした保証制度は，集落内の階層分化が進展し，個別農家において資本形成や負債累積の差が発現したために，実際に機能することが困難となった．農家は挙家離農によって農地の売却代金で負債を返

済するという事態が多く発生し，連帯保証制度が形骸化した．そうした問題から，集落再編などを契機として連帯保証制度から根抵当へ変更されるようになったのである[14]．前述した更別村では，現在全村のほぼ8割程度が根抵当でおこなわれている．

(2) 生産部会による組織化

前節で整理したように，十勝の畑作農業の展開過程において，農協およびその連合組織による流通加工施設の整備が積極的に進められ，それが重要な役割を果たしてきた．そして，そのような「うわもの」の整備と並んで，その利用，運営をはかるために農家の組織化，生産部会の整備も進められた．以下では，板橋［1995］でおこなわれたアンケートを再集計した資料を用いながら，十勝における生産部会の特徴について整理する．

十勝では政府管掌作物における生産技術向上を目的とした部会が主として農協主導，政策主導により整備された．表2-4は部会の設立状況についてみたものであるが，農協が事務局となっている割合が高い．これは農協の組織であるため当然ではあるが，集荷業者主導により出荷組合が設立されることで産地化がなされ，生産者がイニシアティブをもっている出荷組合が農協の生産部会として位置づけられている道南などの「野菜化進行」地域とは異なる性格をもっている[15]．

70年代後半から80年代にかけて，すでにみたように野菜や加工用馬鈴しょといった自由市場作物が増加するにつれて，設立される部会の機能も変化していった．それまでの小麦やてん菜などに関する部会の機能は主として反収の増加などの生産過程に対するものが主であった．部会組織による技術の向上とそれによる反収の増加がそのまま農家所得の確保につながったからである．そして，そうした所得確保をより確実にするための支持価格の引き上げ要求などの農政活動が，「農民連盟」によって展開されてきた[16]．

そうした農民組織による活動は，その後転換を迎えることになる．原料畑作物の支持価格の低下によって構造変動をせまられた80年代前半の時期に，

表 2-4　十勝における農協生産部会事務局

(単位：数，%)

	合計	部会事務局			
		生産者主体	生産者農協	農協主体	その他
集計農協数	20				
集計部会数	202	5.0	29.2	63.4	2.5
畑　作	3	33.3	0.0	0.0	66.7
小　麦	12	0.0	41.7	58.3	0.0
てん菜	9	0.0	22.2	77.8	0.0
豆類	7	0.0	42.9	57.1	0.0
豆類，小麦	2	0.0	0.0	100.0	0.0
馬鈴しょ	7	14.3	14.3	71.4	0.0
澱原馬鈴しょ	3	0.0	33.3	66.7	0.0
加工馬鈴しょ	5	0.0	60.0	40.0	0.0
種子馬鈴しょ	9	0.0	22.2	77.8	0.0
食用馬鈴しょ	6	0.0	66.7	33.3	0.0
野　菜	62	6.5	29.0	64.5	0.0
花　卉	3	33.3	0.0	66.7	0.0
酪　畜	59	3.4	28.8	62.7	5.1
その他	15	6.7	20.0	73.3	0.0

資料)　板橋 [1995] で分析したアンケートの元データを再集計して作成．
注)　アンケート自体は，1994年5月におこなったもので全道250農協のうち有効回答190農協を分析したものである．

　それまでの生産技術向上および工場への出荷調整を主な機能とした生産部会から，野菜や加工用馬鈴しょなどの生産から流通過程までに機能する組織化が必要となったのである．

　実際に設立された部会では加工用馬鈴しょや野菜などの品目で，それまでの生産過程における機能に加えて出荷過程における機能が加わることになったのである（図2-6)．一方で，近年主として生産過程に対応してきた政府管掌作物に関する生産部会は，農家戸数の減少にも影響されてその機能，役割を低下させ，再編の方向をたどっている．幕別町農協では95年に発表した「第2次農業振興計画・JA中長期経営計画」のなかで，豆類，米麦，てん菜，スイートコーンの政府管掌作物などにみられる生産技術向上を主目的とする部会は畑作部会として統合し，取扱量が多く生産から集荷・販売までが密接に結びつく部会は単一の部会にするとしている[17]．

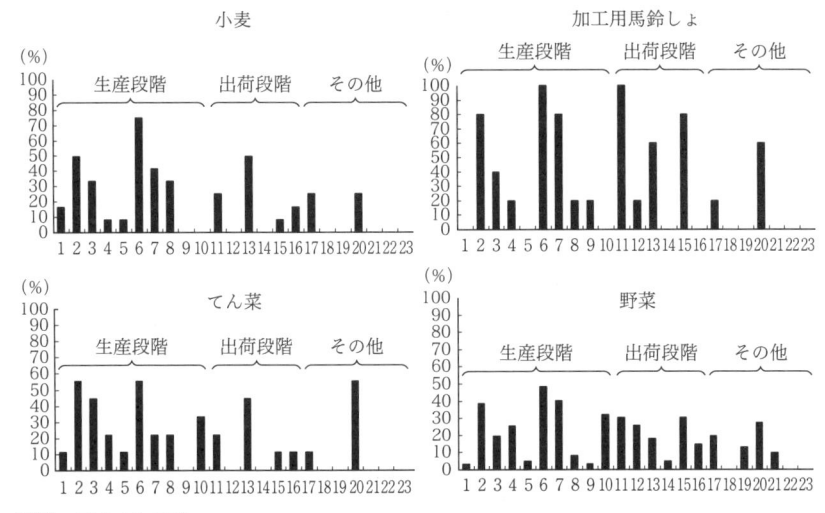

資料）表2-4に同じ．
注1）部会数合計に対する回答数の割合を示している．
  2）機能の数字は以下の通りである．
    1. 作付面積制限　2. 作付面積取り纏め　3. 作付面積調整　4. 生産資材購入取り纏め　5. 使用生産資材の限定　6. 講習会の開催　7. 先進地の視察　8. 共同作業　9. 雇用労働の斡旋　10. 試験圃設置　11. 品質・規格の基準決定　12. 共同選果　13. 共同検査　14. 出荷先の決定　15. 共同計算　16. 出荷調整　17. 収量共励会　18. コスト共励会　19. 会員拡大　20. 親睦　21. 振興計画の策定・要請　22. 農協事業計画の決定　23. その他

図2-6　十勝における農協生産部会の機能

　このように農協・品目によって生産部会による組織化の度合いは違いが見られる．本書で事例として取り上げる芽室町，更別村，士幌町ではそうした違いをはっきりと見ることができる．それは表2-5にみるように部会数や生産部会と生産組合という名称の違いに表れている．更別村，士幌町は畑作地帯でも条件の不利な地域に位置していることから，各章で詳しくみるように農協を中心とした組織化が進展した．生産者組織は農協の販売事業，加工事業の運営を円滑におこなうために，生産部会という農協下部組織に整備・再編されている[18]．更別村では農家が自主的に組織した生産組合も，農協部会として再編されるという過程を辿った．一方畑作優等地に位置する芽室町では，高生産力を背景として生産者の自主性が強いため，農協が生産者組織を

表2-5 事例農協における生産者組織の概況

芽 室		更 別	士 幌
小麦生産集団協議会	牛蒡生産組合	豆麦部会	機械部会
小麦採種組合	野菜出荷組合	甜菜部会	てん菜部会
種馬鈴薯生産組合	ゆり根生産組合	種馬鈴薯部会	麦作部会
加工馬鈴薯生産組合	クノールスイートコーン耕作者組合	加工馬鈴薯部会	畜産部会
北海コガネ生産組合		澱原馬鈴薯部会	馬鈴薯部会
食用馬鈴薯生産組合	きのこ会	スイートコーン部会	種子豆部会
澱原馬鈴薯生産対策協議会	にんじん部会	蔬菜部会	
スイートコーン耕作者組合協議会	枝豆生産組合	酪農部会	
青果物生産者組合協議会	酪農振興会		
玉葱生産組合	馬事振興会		
長芋生産組合	酪農ヘルパー利用組合		
だいこん生産組合	乳牛検定組合		
野菜苗生産組合	肉牛振興会		
南瓜生産組合	養豚振興会		
生食スイートコーン生産組合	乳牛改良同士会		

資料) 芽室町農協資料,更別村農業協同組合50年史,士幌農協70年の検証より作成.

部会として統合することができずに,農家の自主的組織である生産組合が位置付いている.現在では生産組合は農協理事会とほぼ一体的に運営されているために,農協と直接表面的に対立することはない.しかし,自主的組織としての生産組合と農協下部組織としての生産部会という性格の違いは,農家の意識に根付いているのである.

4. 加工用馬鈴しょの生産・流通・加工体制

(1) 市場構造

北海道における馬鈴しょ生産を図2-7,図2-8からみると,86年までは面積の増減はありつつも生産量では増加傾向にあったが,その後は面積,生産量ともに減少に転じている.そうしたなかで十勝の割合が高まっていることが特徴である.

馬鈴しょの北海道における品種別作付面積をみたものが表2-6である.馬鈴しょは品種毎にその用途が違っていることがわかる.もっとも面積が多い

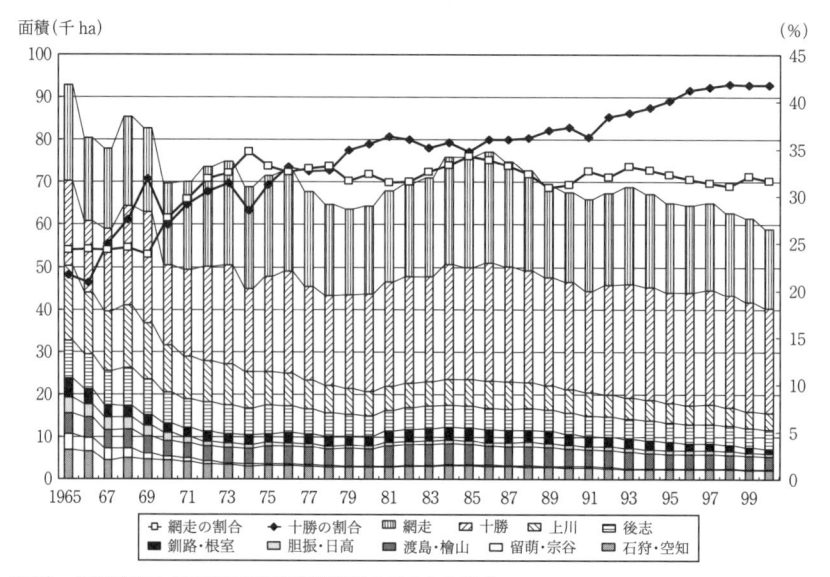

資料）北海道農林水産統計年報市町村別編各年次より作成.

図 2-7　支庁別馬鈴しょ作付面積の推移

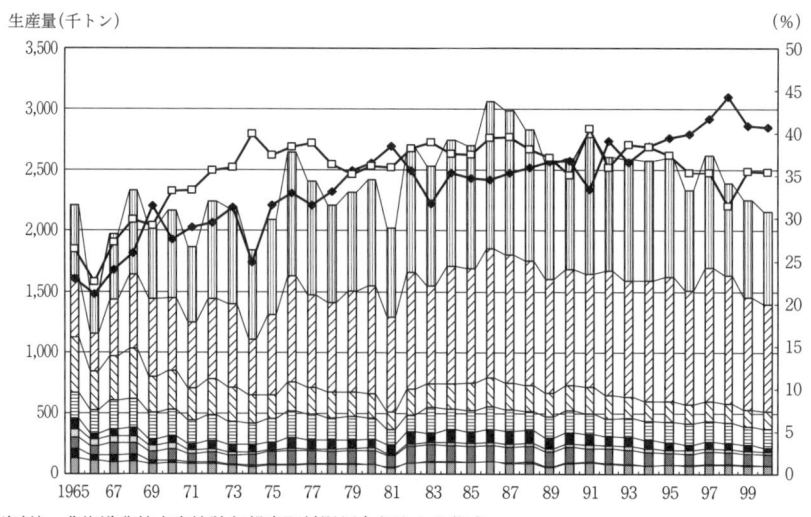

資料）北海道農林水産統計年報市町村別編各年次より作成.
注）　凡例は前図に同じ.

図 2-8　支庁別馬鈴しょ生産量の推移

表 2-6 北海道における主要作付品種の特性

	品種名	作付面積(ha)	用途(%) 生食	加工	でん粉	種子	育成導入年次	熟期	でん粉価	いも形	いも大小	芽の深浅
生食	男爵薯	15,500	84.9	1.8	0.3	12.2	1928	早生	14	偏円	中	深
	メークイン	7,020	84.5	0.8	0.1	14.6	1928	早生	13	腎臓形	中	やや深
	キタアカリ	1,866	87.1	0.1	0.0	12.8	1987	早生	17	偏球	中	中
	とうや	460	82.8	4.3	0.0	12.9	1992	早生	15	球	大	浅
	マチルダ	123	91.1	0.0	0.2	8.7	1993	中晩生	15.2	卵		浅
加工	トヨシロ	7,396	0.6	88.9	1.4	9.2	1976	中生	16	偏円〜偏卵	大	浅
	農林一号	2,040	11.9	72.6	3.8	11.8	1943	中晩生	16	偏楕円	大	中
	ホッカイコガネ	1,891	11.5	77.2	0.8	10.4	1981	中晩生	16	長楕円	大	浅
	ワセシロ	1,426	21.4	64.8	0.1	13.7	1974	早生	15	偏円	大	中
	アトランチック	252	34.6	60.9	0.1	4.4	1992	中生		球		
	スノーデン	369	0.0	100.0	0.0	0.0	1999	中晩生	14	球	小	浅
	さやか	330	1.6	85.9	0.4	12.1	1995	中生	15	卵	極大	浅
でん粉	コナフブキ	14,004	0.4	2.4	89.3	7.9	1981	晩生	22	偏球	中	やや浅
	紅丸	3,622	0.8	0.0	93.6	5.5	1938	晩生	15	卵	大	浅
	エニワ	358	4.5	0.0	88.2	7.2	1961	中晩生	18	偏円	中〜大	浅

資料) 北海道庁農産部農産園芸課資料,農林水産省生産局特産振興課「いも類の生産流通に関する資料」(平成14年1月),北海道農政部農産園芸課「北海道における馬鈴しょの概況」(平成13年3月)より作成.

注1) 北海道における主要品種および十勝の作付が多い品種に関して表記した.
2) 作付面積は2001年度の数値である.
3) 空欄は未了を示す.

ものが,馬鈴しょの代名詞ともいえる生食用中心の男爵で,15,500ha である.しかし,その次にくるのが,それとほぼ同じ14,004ha の澱原用のコナフブキである.加工用では主としてポテトチップの原料となるトヨシロが7,396ha となっている.また表2-7にみるように地域別に品種構成が異なる点が北海道の馬鈴しょ生産の特徴である.支庁別に特徴を述べると男爵の後志,男爵と加工用の上川,男爵と澱原用の網走,そしてメークインと加工用の十勝ということができる.

全国の加工用馬鈴しょ生産量は1980年代後半に50万トン台となってからほぼ横ばいである.その用途構成もポテトチップ用5〜6割,冷凍品(フレンチフライ,冷凍コロッケ)2〜3割,とほぼ変わっていない.2003年度では全国が54万5,500トンで,うち北海道産は48万1,906トンである[18].北

表2-7 2001年における馬鈴しょ生産主要支庁の品種別作付面積

(単位：ha, %)

		全道		後志		上川		十勝		網走	
生食用	男爵	15,500	100.0	3,830	24.7	1,790	11.5	3,010	19.4	3,960	25.5
	メークイン	7,020	100.0	15	0.2	62	0.9	5,070	72.2	156	2.2
	ワセシロ	1,426	100.0	76	5.3	127	8.9	656	46.0	168	11.8
	キタアカリ	1,866	100.0	663	35.5	381	20.4	302	16.2	80	4.3
	その他	480	100.0	54	11.3	2	0.4	158	32.9	153	31.9
	小計	26,292	100.0	4,638	17.6	2,362	9.0	9,196	35.0	4,517	17.2
加工用	トヨシロ	7,396	100.0	6	0.1	444	6.0	5,617	75.9	1,153	15.6
	ホッカイコガネ	1,891	100.0	6	0.3	25	1.3	1,767	93.4	5	0.3
	アトランチック	252	100.0	0	0.0	44	17.5	66	26.2	31	12.3
	マチルダ	123	100.0	0	0.0	0	0.0	123	100.0	1	0.8
	サヤカ	330	100.0	0	0.0	54	16.4	200	60.6	48	14.5
	農林一号	2,040	100.0	0	0.0	744	36.5	1,032	50.6	178	8.7
	その他	521	100.0	2	0.4	136	26.1	165	31.7	134	25.7
	小計	12,553	100.0	14	0.1	1,447	11.5	8,970	71.5	1,550	12.3
澱原用	紅丸	3,622	100.0	7	0.2	46	1.3	636	17.6	2,413	66.6
	コナフブキ	14,004	100.0	0	0.0	106	0.8	4,898	35.0	8,588	61.3
	その他	1,319	100.0	0	0.0	5	0.4	471	35.7	807	61.2
	小計	18,945	100.0	7	0.0	157	0.8	6,005	31.7	11,808	62.3
	計	57,790	100.0	4,659	8.1	3,966	6.9	24,171	41.8	17,875	30.9

資料） 北海道庁農産園芸課資料より作成．
注） 太字の数値は品種毎の全道面積に対する割合を示している．

海道産の内訳は，ポテトチップが27万5,363トン，冷凍コロッケが6万973トン，フレンチフライ2万9,937トン，その他冷凍食品2万7,587トン，マッシュポテト1万8,361トン，などとなっている．

十勝産馬鈴しょの用途についてみてみよう．用途別消費実績をみたものが表2-8であるが，もっとも多いのがでん粉で全体の40～50％を占めており，次いで加工用途が30％，市販用が15～20％となっている．さらに加工用途の内訳を表2-9から品目別にみてみると，数量ベースではポテトチップが多く7割近くになる17万4,012トンを占めている．

	生産量
1993	950,235
1994	992,100
1995	1,025,000
1996	931,878
1997	1,094,769
1998	977,898
1999	921,500
2000	879,762

資料） 十勝支庁農
注 1） 数値はすべ
2） その他は，
3） 割合は販売

(2) 生産流通体制と農協，食品産業の役割

十勝における馬鈴しょの生産構造にも，「十勝チューネン圏」といわれる帯広市を中心とした同心円状の地帯区分毎に違いが見られる．表2-10から各地帯の差をみると中心部では生食，加工用の作付が中心であり，周辺部においては澱原用が中心となっている．70年代後半以前は，十勝全域が澱原用馬鈴しょ中心の作付となっていたが，70年代後半から80年代半ばにかけてでん粉市場の停滞を受け，澱原用馬鈴しょから生食，加工用への転換が進められた．生食，加工用馬鈴しょは澱原用に比較して1日当たりの収穫可能な面積が小さい．そのため比較的面積の小さな中央部において，早くから生食，加工用への転換がなされたのである．周辺部は経営面積が大きいために，面積あたりの収益性は低いが大面積の作業が可能な澱原用馬鈴しょの作付が維持されているのである．

中央部および周辺部の市町村を対象に，畑作4品目に対する馬鈴しょの割合を示したものが図2-9である．現時点で馬鈴しょの作付割合が低い順からみると，①池田・本別，②清水・音更，③芽室・鹿追・帯広，④幕別・更別・中札内・士幌，と分けることができよう．適正な作付割合の一応の目安を，馬鈴しょ，てん菜，小麦，豆類という畑作物の主要4品目による4年輪

表 2-8 十勝支庁における馬鈴しょの用途別消費実績の推移

(単位：トン，%)

販売用		市場販売用		加工食品用		でんぷん用		販売種子		販売用その他		その他
914,468	100.0	185,720	20.3	268,874	29.4	395,048	43.2	55,056	6.0	9,770	1.1	35,767
972,595	100.0	132,715	13.6	295,896	30.4	477,636	49.1	57,693	5.9	8,655	0.9	19,505
963,481	100.0	158,877	16.5	299,439	31.1	436,061	45.3	62,885	6.5	6,219	0.6	61,519
908,204	100.0	171,662	18.9	271,643	29.9	396,152	43.6	58,031	6.4	10,716	1.2	23,674
1,033,384	100.0	166,984	16.2	312,540	30.2	473,671	45.8	64,915	6.3	15,274	1.5	61,385
941,020	100.0	155,386	16.5	283,522	30.1	446,132	47.4	52,510	5.6	3,470	0.4	36,878
901,104	100.0	135,836	15.1	297,964	33.1	388,198	43.1	77,629	8.6	1,477	0.2	20,396
817,338	100.0	118,870	14.5	267,700	32.8	365,087	44.7	60,153	7.4	4,408	0.5	63,544

務課資料より作成．
て生いも量(原料)である．
農家保有分と減耗分である．
用計に対する割合を示している．

表 2-9 十勝支庁における加工食品向け馬鈴しょの用途別消費実績の
(単位：

	加工食品向け		マッシュポテト		ポテトチップ		フレンチフライ		コロッケ(冷凍)		コロッケ(その他)		その他(冷凍)	
1993	268,874	100.0	1,352	0.5	169,267	63.0	33,596	12.5	—		—		20,710	7.7
1994	295,896	100.0	2,715	0.9	190,041	64.2	38,743	13.1	—		—		19,041	6.4
1995	299,439	100.0	3,589	1.2	217,274	72.6	23,163	7.7	12,815	4.3	0	0.0	28,803	9.6
1996	271,643	100.0	2,528	0.9	189,344	69.7	20,995	7.7	13,055	4.8	177	0.1	32,753	12.1
1997	312,540	100.0	566	0.2	211,366	67.6	28,939	9.3	19,002	6.1	425	0.1	25,806	8.3
1998	283,522	100.0	42,978	15.2	140,787	49.7	31,623	11.2	12,229	4.3	6,087	2.1	15,205	5.4
1999	297,964	100.0	6,324	2.1	188,192	63.2	26,650	8.9	20,100	6.7	4,419	1.5	20,239	6.8
2000	267,700	100.0	10,540	3.9	174,012	65.0	22,330	8.3	16,211	6.1	539	0.2	18,552	6.9

資料） 十勝支庁農務課資料より作成．
注 1） 数値はすべて生いも量(原料)である．
   2） 93，94年はコロッケの項目がなくその他に計上されている．
   3） 割合は加工食品向けに対する数値である．

表 2-10 十勝における馬鈴しょの用途別作付面積(2002年)
(単位：ha，%)

	計	用途別内訳				
		生食	加工	でん粉	種子	その他
中央	2,934	41.6	33.8	14.9	9.6	0.0
周辺	1,183	23.6	40.6	25.6	10.1	0.0
山麓	296	29.8	51.5	10.3	8.2	0.1
沿海	449	6.8	21.1	50.2	21.6	0.3

資料） 十勝支庁農務課資料より作成．

作が確保できる割合である25%と考えてみよう．そうすると④のグループがやや過作傾向にあるといえる．事例として取り上げる3町村では，更別村，士幌町がやや過作傾向にある．

　事例地の馬鈴しょ生産を概観すると以下のようである．芽室町は80年代に3割近い作付となっていたが，90年代に入って事例で詳しくみるように，馬鈴しょ自体の作付が労働力不足などの要因で減少し，その代わりに小麦作が増加している．更別村は，澱原用品種が主体の地帯である．作付割合は一貫して3割前後を維持しており，過去には澱原用品種の連作を行ったことが特徴としてあげられる．士幌町は事例でみるように馬鈴しょの作付面積を戦略的に可能な限り拡大してきた．その結果，80年代までは4割近くを占め

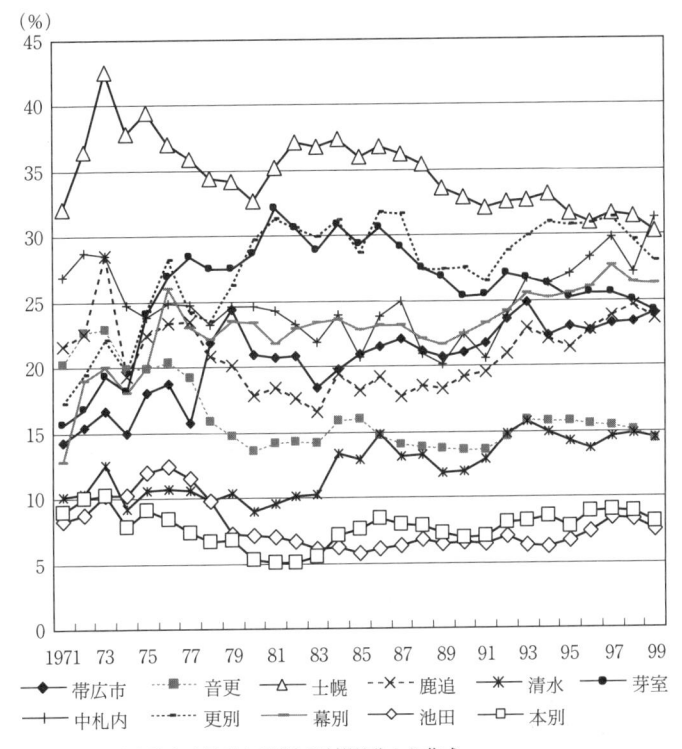

第2章 十勝畑作農業の展開と農協

推移		
トン，％)		
その他 (冷凍以外)		
43,949	16.3
45,356	15.3
13,795	4.6
12,791	4.7
26,436	8.5
34,613	12.2
32,040	10.8
25,516	9.5

資料）北海道農林水産統計年報（市町村別編）より作成．
注 1) 畑作4品とは馬鈴しょ，小麦，てん菜，豆類のことである．
 2) 十勝の中央，中央周辺部に位置する市町村のみを集計した．

図 2-9 畑作四品に対する馬鈴しょ作付面積の割合

るという過作傾向が続いてきたが，80年代後半からは農家が規模拡大したことや，農協がスイートコーンの加工事業を開始するなどして馬鈴しょ割合の適正化を進めてきたために，徐々に作付割合が減少している．

1970年代に入ってから進んだ澱原用から加工用馬鈴しょへの転換は，十勝農業全体ではどのように展開したのであろうか．それを整理したものが図2-10である．農協による加工用馬鈴しょの販売は1970年代以前からおこなわれていたが，当時は市場取引が中心であった．加工メーカーへの直接販売

馬鈴しょ面積（単位：ha, %）

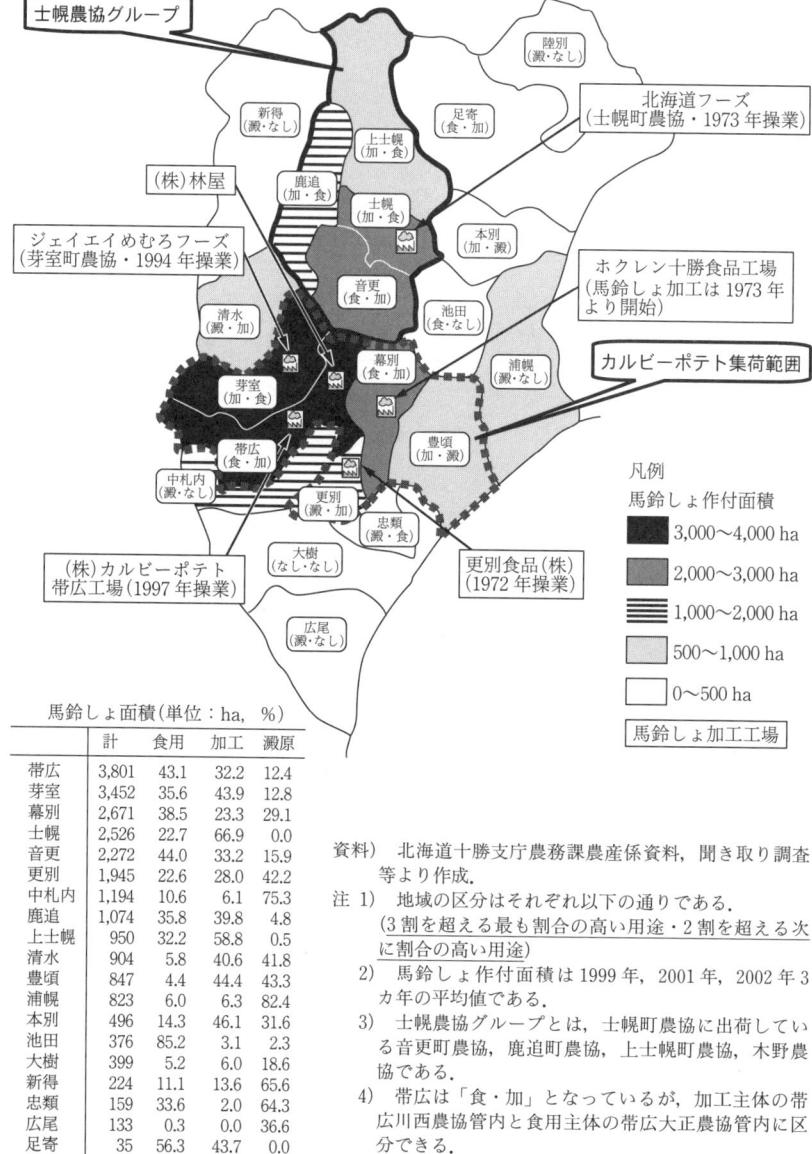

	計	食用	加工	澱原
帯広	3,801	43.1	32.2	12.4
芽室	3,452	35.6	43.9	12.8
幕別	2,671	38.5	23.3	29.1
士幌	2,526	22.7	66.9	0.0
音更	2,272	44.0	33.2	15.9
更別	1,945	22.6	28.0	42.2
中札内	1,194	10.6	6.1	75.3
鹿追	1,074	35.8	39.8	4.8
上士幌	950	32.2	58.8	0.5
清水	904	5.8	40.6	41.8
豊頃	847	4.4	44.4	43.3
浦幌	823	6.0	6.3	82.4
本別	496	14.3	46.1	31.6
池田	376	85.2	3.1	2.3
大樹	399	5.2	6.0	18.6
新得	224	11.1	13.6	65.6
忠類	159	33.6	2.0	64.3
広尾	133	0.3	0.0	36.6
足寄	35	56.3	43.7	0.0
陸別	7	8.9	0.0	91.4

注）種子馬鈴しょなどを除いているため割合の合計は100％とはならない．

資料）北海道十勝支庁農務課農産係資料，聞き取り調査等より作成．

注 1) 地域の区分はそれぞれ以下の通りである．
（3割を超える最も割合の高い用途・2割を超える次に割合の高い用途）
2) 馬鈴しょ作付面積は1999年，2001年，2002年3カ年の平均値である．
3) 士幌農協グループとは，士幌町農協に出荷している音更町農協，鹿追町農協，上士幌町農協，木野農協である．
4) 帯広は「食・加」となっているが，加工主体の帯広川西農協管内と食用主体の帯広大正農協管内に区分できる．

図 2-10 十勝における馬鈴しょ作付の地域性と加工用馬鈴しょの集荷範囲

は，更別村農協が1972年に更別食品を誘致したことが嚆矢であろう．当時水産事業からの多角化を模索していた日魯との共同出資で更別食品を村内に誘致した．その翌年の1973年にはあみ印食品が馬鈴しょの食品加工に進出したため，ホクレンの帯広支所が取扱に対応することになった．同年には，士幌町農協とあみ印食品との合弁会社として「(株)北海道アミー」が創設されて，ポテトシューストリングとフレンチフライの生産が開始された．1977年にはポテトチップ生産に鳴り物入りで進出したスナック菓子大手のカルビーが芽室町で原料調達を開始している．

現在では面積的にみると，十勝の中央部および周辺部に作付は集中している．用途別には前述したように中央部は食用，加工用，周辺部は澱原用という傾向がみられる．加工用の割合が高い芽室町とメークインで有名な大正農協のある帯広市が3,000〜4,000haの作付で主産地といえよう．ついで，食用の多い幕別町，音更町，加工用の多い士幌町が2,000〜3,000ha，澱原主体の更別村，中札内村，加工主体の鹿追町が1,000〜2,000haとなっている．ここで特徴的な点は，事例として取り上げる芽室町，更別村，士幌町はそれぞれ同じ地帯よりも加工用馬鈴しょの割合が高いという点である．また，第5章で取り上げるように士幌町農協へ加工用馬鈴しょを出荷している上士幌町，鹿追町は加工用馬鈴しょの割合が高い．

出荷販売ルートの違いによって現在の十勝の馬鈴しょ産地は，カルビーポテトによる広域的集荷地域，農協が独自に販路を確保している地域，士幌町農協の広域的集荷地域，の3つに大別できる．

次章以降との関係でカルビーポテトの集荷についてみてみよう．カルビーポテトは1980年に親会社であるカルビーの子会社として設立された原料調達をおこなう会社である．十勝における加工用馬鈴しょ（2000年で26万7,700トン）の65％（17万4,012トン）がポテトチップに加工されているが，そのうち約5割がカルビーポテトにより集荷されているといわれている．そして十勝の中でも，芽室町と帯広川西が3〜4万トンを出荷する二大産地となっている．第4章でみる更別村は6,000トン台でありカルビーポテトにと

っての位置づけは低い．これに後にみるように士幌町農協がカルビー製品を受託製造している部分の量を加えると十勝における加工用馬鈴しょのかなりの量がカルビーの原料として出荷されていることになるのである．カルビーポテトの集荷した馬鈴しょは全量がカルビーへと出荷されるわけではなく，独自販売もおこなっている．

　十勝の馬鈴しょ振興において食品産業の果たしてきた役割は非常に大きい．上記のような販路としての重要性という面のみではなく，畑作物の品質向上にも重要な役割を果たしてきた．澱原用馬鈴しょやてん菜など農産物の量を基準とした価格制度が中心であった十勝畑作に，馬鈴しょのでん粉比重による価格体系をいち早く導入し，品質基準による価格体系を導入したのがカルビーであった．

　また，農協系統をあげて，馬鈴しょの品質向上対策が取り組まれたことも特筆すべきである．ホクレンは1981年から馬鈴しょの生産改善運動として「いも作り75（ナナゴウ）運動」を展開した[20]．でん粉原料としての成分含有量と良質でん粉の生産性向上，食用・種用・加工用としては，規格歩留まりと品質向上対策にむけた取り組みである．この運動は食品業界の要望とも合致したために，馬鈴しょ品質の向上に大きな成果をあげたのである．

　このように十勝の加工用馬鈴しょの生産振興においては，系統農協のみならず，カルビー，カルビーポテトといった食品産業も大きな役割を果たした．

　加工用馬鈴しょの流通体制の全体像を把握するために，農協，カルビーポテト，ホクレンとの関係を整理してみよう（図2-11）．前述したように北海道における加工用馬鈴しょの生産量は48万トン程度である．それに対して現在農協系統で取り扱っている加工用馬鈴しょは，31万トン前後であるため，農協系統のシェアは約65％と推計できる．農協扱いのうち，ポテトチップ原料が約20万トン，コロッケ・サラダ等原料が約9万5,000トン，その他フレンチフライ用等が1万5,000トン前後となっている．ポテトチップ原料約20万トンの6割程度がカルビーポテトへ販売されるが，実質的には農協とカルビーポテトとの契約栽培となっている．それ以外のチップ用原料

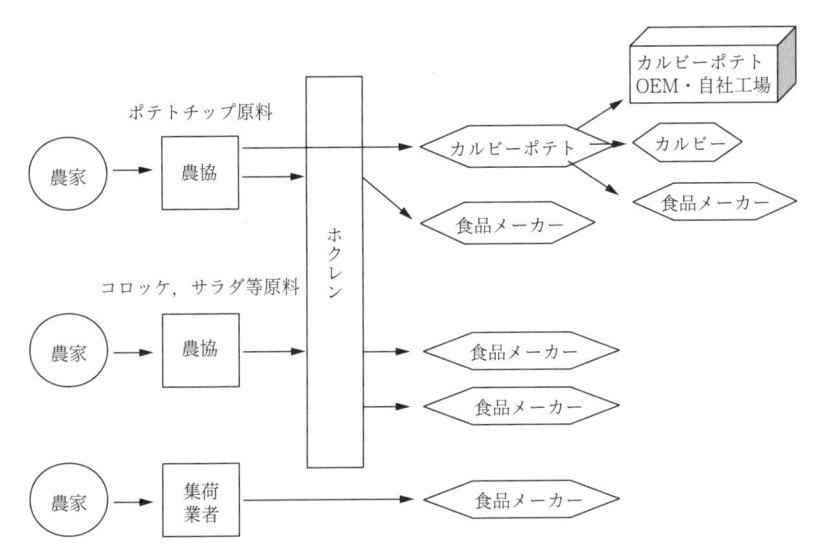

第 2 章　十勝畑作農業の展開と農協

図 2-11　北海道における加工用馬鈴しょの流通ルート

はホクレンがメーカーに販売している．さらに，カルビーポテトは集荷した原料を親会社であるカルビーをはじめ，他の食品メーカー，自社・OEM 工場向けに販売・使用している．

一方コロッケ，サラダ原料の主体である男爵等に関しては，農協の選果過程ででる市場出荷規格以下の小玉や，傷・変形などの B 品が加工用原料として販売されている．ホクレンは契約の窓口となり，契約数量と生産量のギャップ調整機能などを担っている．

以上のように，ポテトチップ原料はカルビーポテトが流通の中心を担い，ホクレンを経由しつつも農協との契約栽培が主体であり，コロッケ・サラダ原料では農協・ホクレンという系統組織が流通の主体となっているのである．

(3) 十勝農協連による種増殖事業

十勝農協連は，前述したように戦前の十勝馬匹組合と北海道農業会帯広支所の流れを受け継ぎ，地域に密着した生産指導をおこなうために 1948 年に

十勝管内30農協を会員として設立された．設立当初は馬匹組合の事業を引き継ぎ，その後49年に耕土改良事業，51年には北海道馬鈴しょ採種組合連合会の事業を継承するなど順次事業を拡大していった．

では種馬鈴しょに関わる事業についてみてみよう．北海道における種馬鈴しょの生産は，国が1947年に原原種農場を全国7ヵ所，うち道内に4ヵ所設立したのが始まりである．十勝には帯広市幸福町に農林省十勝馬鈴しょ原原種圃場（86年に改称されて現在は農林水産省種苗管理センター十勝農場）が設立され，十勝を中心に道東地区に原原種を配布している．法律的には50年に植物防疫法が制定されて，51年から同法第13条に基づき事前に検査申請書を提出し植物防疫官の圃場検査・生産物検査を受検することになった．北海道は52年に北海道種馬鈴しょ生産販売取締条例を制定し，種の生産者や集荷販売業者の登録を義務づけているほか，68年には北海道馬鈴しょ原種圃設置運営要領を定め，原種の計画生産を行っている．

十勝農協連は1951年3月に北海道馬鈴しょ採種組合連合会の事業を引き継いで馬鈴しょ採種事業を開始している．51年に植物防疫法が制定されて種の検査がおこなわれるようになったが，当初は移出用のみが検査対象であった．地元に種として残るものは移出用のくず，余剰分であり，種子更新は徹底されていない状況であった．しかし50年頃からそれまであまりみられなかったウイルス病が徐々に蔓延し，十勝においても徐々に被害が増え63年から64年にかけて葉捲病の大発生となったのである．表2-11に示したように64年における被害状況は，十勝全体の馬鈴しょ作付面積1万4,649haの内ウイルス病発生率は27.2%，被害金額は2億9,000万円にも上ったのである．

そこで，農協連は1）ウイルス病被害の一斉調査，2）種子更新の啓蒙，3）必要種量の確保，4）移出用以外の更新用を目的とした種生産体制の強化，5）アブラムシ発生実態の調査，6）ウイルス病稀少地区を指定し保護育成する，という対策をとったのである．

こうした対策によってその後ウイルス病被害の発生は収まったのであるが，

表 2-11 1964 年の馬鈴しょウイルス病被害状況

(単位:ha, %, 千円)

	町村名	馬鈴しょ作付面積	ウイルス発病率	被害金額
中央部	帯　広	718	22.4	14,723
	芽　室	2,020	37.6	71,580
	音　更	2,290	22.6	45,345
	幕　別	1,017	28.6	34,020
周辺部	清　水	856	33.4	19,754
	鹿　追	1,260	11.6	12,518
	士　幌	1,617	18.9	24,660
	本　別	504	53.5	21,442
	池　田	200	5.5	1,133
	中札内	400	5.7	2,445
	更　別	480	4.9	2,190
山麓部	新　得	158	17.0	1,808
	上士幌	650	12.0	5,963
	足　寄	296	26.6	5,155
	陸　別	68	29.1	1,327
沿海部	浦　幌	650	16.1	8,422
	豊　頃	615	28.2	14,025
	忠　類	120	1.8	150
	大　樹	525	5.8	2,633
	広　尾	205	0.1	1,560
	合　計	14,649	27.2	290,853

資料) 十勝農業協同組合連合会「十勝農協連三十年誌」63-64 頁より作成.
注) 発病率は被害株率である.

再び 1973 年から 74 年にかけて大発生した．その原因を十勝農協連 30 年誌は次のように整理している．1) 飼料畑が増加し畑地が減少しているが，馬鈴しょ面積が増加して馬鈴しょ栽培割合が高まっていること．2) 66 年の冷害のあと強い冷害がないため，気温が高く推移しウイルスを媒介するアブラムシが増えやすい環境になったこと．3) 馬鈴しょの栽培技術が向上し，馬鈴しょの生育期間が 8 月末から 9 月末まで 1 カ月延び，この間はアブラムシの防除がおこなわれずウイルス感染の絶好の場となったこと．

農協連は上記に述べた1962年からおこなっていた種子更新を進めるとともに，73年から原種圃を管内のアブラムシの少ない地帯に集約し，採種圃については各農協の責任で団地化を行うように指導をおこなったのである．しかしこうした諸対策は簡単には功を奏さず，74年には発病率41.0%，被害金額で実に25億9,300万円までに上った．農協連は道や植物防疫所，ホクレン等の関係機関とともに対策を講じ，75年からは沈静化へと向かった．

その後原採種圃の集約整備が進められた．原種圃に関しては，冷涼な気象条件で，一般圃から最低200m離れていること，委託された地域が集団専門栽培可能なことなどの条件に基づき集約整備された．具体的には合理化でん粉工場集荷区域毎に管内を4ブロックにわけ，冷涼な山麓・沿海部へ原種圃を再編集約していった．現在6農協となっているが，東部ブロックが幕別町，西部が帯広川西，南部が帯広川西と大樹町，北部が鹿追町と士幌町の各農協である．

採種圃の集約整備はそれにくらべて進展が遅かった．それは新旧の種馬鈴しょ生産農家の間で合意を得ることがそれぞれの経営状況などとの関係から容易でなかったことによる．一般に種農家は篤農家が多いが，そうした農家

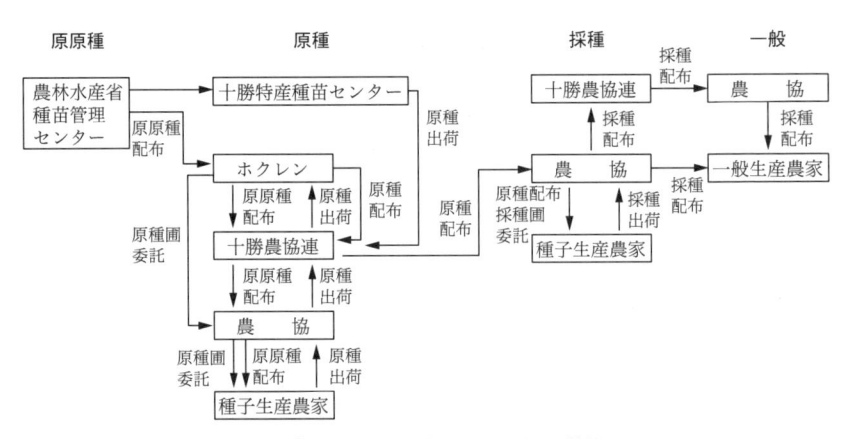

資料）十勝農業協同組合連合会「十勝農協連50年誌」192頁より抜粋．

図 2-12 十勝における種子馬鈴しょ供給の流れ

に担われていた種生産を地域的に集約することは非常な困難がともなったのである．しかし現在は各農協において生産団地の整備が完了している．

種馬鈴しょの管理は馬鈴しょ生産の安定化にとって非常に重要なものであり，以上のような試行錯誤の結果十勝農協連と単協との間で機能分担をおこないながら種生産をおこなう体制が作り上げられてきたのである．

十勝における種馬鈴しょ生産供給の流れを示したものが図 2-12 である．

5. ホクレンによる馬鈴しょ加工事業

(1) 加工事業の展開

ホクレンの加工事業は，戦前の北聯がおこなっていた精米事業，でん粉加工事業，ハッカ加工事業，除虫菊事業から始まっている．北聯は菜豆，豌豆といった豆類を農業倉庫に付帯した豆撰工場によって調製して海外へ輸出していたが，でん粉，ハッカ，除虫菊といった加工品も輸出することで，販売事業を拡大していった．戦後に入って，経済統制が解除され作付が自由になると農家は様々な作物の作付を再開した．それは畑作地帯でより顕著であった．

特に十勝では豆類の作付割合が一挙に増加し，調製されて市場へと流通していった．しかしそうした豆類単作の農業構造は冷害に弱く，年によっては収穫皆無という状況にあり，農家経済は著しく不安定であった．

そうしたもとで 1960 年代に入って寒冷地作物であるてん菜，馬鈴しょの振興がはかられていくのであるが，戦前のホクレン加工事業の主力であったハッカ，除虫菊がほぼ完全に消滅していく中で，でん粉工場，製糖工場がそれに替わってホクレン加工事業の中心となっていった．前掲表 2-1 にはホクレンの加工事業の展開過程も整理してあるが，これによると 1960 年代に入ってからでん粉工場，製糖工場の設立が相次いだことがわかる．

その後ホクレンはでん粉や砂糖のような加工度の低い 1 次加工品の製造から，より高度の加工を施した 2 次，3 次加工品へ取り組んでいくようになっ

た．63年には美瑛にある食品工場を買収してアスパラ，スイートコーンの缶詰生産を開始した．73年には冷凍食品の最初の取り組みとして士幌町農協の子会社である北海道フーズによるフレンチフライポテトの生産が開始された．その後1981年に開始されたホクレンの中期事業計画で「販売力の強化と加工付加価値事業の充実」を重要項目として打ち出した．それに沿って80年にはレトルト米飯を製造する目的で三笠食品工場を建設，85年には十勝幕別町に十勝食品工場を建設し，スイートコーン缶詰を主体に豆類，野菜などの加工事業に着手した．

しかし85年のプラザ合意による円高の進展は輸入品の価格低下をもたらし，輸入が急増した．スイートコーン缶詰をはじめ，ホクレンの主力商品であったフレンチフライポテトなどで輸入品の急増が相次いだ．スイートコーン缶詰は85年で国内生産が299.3万ケースに対して輸入品は150.2万ケースだったのが，87年には国内生産325.9万ケース，輸入品354.8万ケースと並び，フレンチフライポテトは85年では国内生産3.4万トン，輸入品6.9万トンであったのが，87年には輸入品が9.8万トンと伸びたのに対して国内生産は2.2万トンまで落ち込んだ．

そこで87年12月にまとめた「長期的展望にたった加工食品事業への取り組みについて—21世紀に向けて—」では，「生産したものを売る考え方から，売れるものを作って売ることへ発想を転換すること」として，そのための重点方針を次のように掲げている．①市場開発の重点を業務用市場に置き，販売量の飛躍的拡大と定着化に取り組む．②市販用市場での販売強化を図るため，地域戦略を構築し，シェアアップと利益確保に取り組む．③商品開発の基本を，売れ筋商品の開発に主体をおき，新商品の発売頻度を高める．④食品工場を多品目生産整備への改善を中心に増産体制をはかり，国際競争力に近づけるコストの実現に関係者とともに取り組む．⑤新規事業として，そう菜事業に取り組み，食品工場との一体的運営によるメリットの追求を図るほか関連分野への進出を図る．⑥環境変化に柔軟に対応できるスリムで実戦力・業績中心の組織運営づくりに取り組む[21]．

そこでの大きな取り組み方向としては，業務用中心の販売戦略と多品目化である．業務用中心の販売体制づくりでは，「ユーザーレシピ（顧客仕様）」に応じた製品開発，製造によって成果をあげ，多品目化では三笠工場や十勝工場をそれまでの少品目生産から多品目生産工場へと転換を図った．

そうした事業転換をはかりながらも 94 年 3 月には「加工食品事業の改善計画」を作成した．これはその後 5 カ年で収支を改善することを目標としたもので，「売上高の増大」と「生産性の向上」を目指すものであった．これは前述の「長期的展望にたった加工食品事業への取り組みについて」で目指してきた事業の展開方向の大枠は変えずに，より効率的な業務体制を構築して，販売高をのばしていこうとするものである．こうした目標を設定する要因には，農協系統が加工事業をおこなう際の独自の性格が関係している．それを『ホクレン八十年史』の言葉を借りてみると，「ホクレンの加工食品事業は"畑を守ることが前提であり"商系メーカーのように，安いからと輸入原料を使うことはできず，地域農産物によるフレッシュ加工がモットー，そのため食品工場は収穫時の短期間の操業となり，輸入原料で年間操業できる商系メーカーとではコスト競争力で大きい差をかかえるうえ，組織としての制約から商品化での機敏な対応が難しいといったハンディ」（221 頁）があるためである．

(2) 食品加工事業

このような組織的な制約を抱えながらも，一方で産地に近く新鮮な原料により製造した製品を新鮮な産地情報を持ちながら販売戦略を構築できるという点では，農協組織の加工事業には強みもある．

現在のホクレン加工事業の概要についてみてみよう．ホクレンの加工事業は大きく分けて直営工場，農協系統工場，協力工場の 3 形態からなる．原料は工場毎に製造能力にあった集荷範囲がほぼ固定されており，その地域内の原料により製造している．つまり表 2-12 のように 3 形態あわせて 14 工場からなるホクレン系列工場群によって工場単位で原料を調達して製造をおこな

表 2-12 ホクレン食品加工工場のネットワーク(2002年現在)

		場所	分類	製造品目
直営工場	ホクレン三笠食品工場	三笠市	冷凍	米加工品
	ホクレン調理加工センター	札幌市	冷凍	調理加工品
	ホクレン石狩穀物調製センター	石狩市	小袋製品	小袋豆，片栗粉・きな粉
	ホクレン十勝食品工場	幕別町	缶詰,レトルト	馬鈴しょ，コーン，豆加工品
農協系統工場	JA東神楽	東神楽町	冷凍	コーン，カボチャ，その他野菜
	(株)北海道フーズ	士幌町	冷凍	馬鈴しょ，コーン，にんじん
	(株)グリーンズ北見	北見市	冷凍	玉ねぎ
	ジェイエイメムロフーズ(株)	芽室町	冷凍	馬鈴しょ，その他野菜
協力工場	ホクユウ食品工場(株)	上湧別町	冷凍,レトルト	馬鈴しょ，コーン，カボチャ
	日本罐詰(株)	芽室町	缶詰，冷凍，レトルト	コーン，馬鈴しょ，カボチャ，その他野菜
	クレードル興農(株)	喜茂別町	冷凍，缶詰，レトルト	馬鈴しょ，カボチャ，ゆで小豆，コーン
	サンマルコ食品(株)	浦幌町	冷凍	調理加工品
	びえいフーズ(株)	美瑛町	冷凍	馬鈴しょ，豆加工品，カボチャ，その他野菜
	(株)マルマス	森町	冷凍	コーン，カボチャ，その他

資料) ホクレン加工食品業務案内より作成．
注 1) 工場の区分は以下の通りである．
　　　直営工場：ホクレンが直接経営している工場．
　　　系統工場：ホクレンが製造委託している農協系統の工場．
　　　協力工場：ホクレンが製造委託している一般加工業者の工場．

っており，ホクレンが工場間の原料過不足を調整するようなことはおこなっていない．

　では形態毎の工場についてみてみよう．まず直営工場である．ホクレンの直営工場は4工場あったが，そのうち十勝食品工場（幕別町）は近年になって閉鎖されており，現在は三笠食品工場（三笠市）をはじめとして3工場となっている．スイートコーン缶詰工場として建設された十勝食品工場は，99年から豆加工品の缶詰，馬鈴しょ，スイートコーン，豆加工品のレトルトを製造する工場へと替わっていた．レトルト米飯を製造していた三笠工場はその後スイートコーン，冷凍ピラフを経て現在は冷凍米飯を製造している．

　次いで農協系統工場である．これは現在4工場あり単協や自治体，ホクレンなどの出資によって設立された工場である．これら工場ではホクレンと協

力して製品を開発しホクレンブランドで製造販売しているものの他に，一部独自に開発販売している製品もある．

　最後が協力工場である．これは現在6工場あり，地域の食品加工メーカーにホクレンブランドによる製造をおこなってもらい，製品をホクレンが買い取り販売をおこなう．地域の食品加工メーカーにとっては販路が確保でき，ホクレンとしては新規設備投資をおこなわずに取扱高を増加させることができる．

　ホクレンは冷凍品の倉庫は持たずに，大手食品メーカーの倉庫を借りている．商品開発は，ホクレンの食品部が実需者の要望を加えながらおこなう．大手食品メーカーなどでは製品開発部などの専門の部署があるが，ホクレンには専門部署はない．

　このように直営および委託製造という形態によって結ばれた関連工場群によってホクレンの加工事業は成り立っている．

(3) 新たな展開

　ホクレンは2000年12月，山梨県六郷町に「ケンコーマヨネーズ」のマヨネーズ工場に隣接して国内最大級のポテトサラダ加工工場を操業させた．ホクレンは以前から「ケンコーマヨネーズ」に馬鈴しょを原料として供給していたが，OEM生産をおこなうために工場を建設したのである．北海道の各産地で生産されたサヤカ，トヨシロといった馬鈴しょ，玉ねぎ，にんじんを使用してポテトサラダを生産し，関東，関西に向け出荷している．これは2つの点でこれまでのホクレン加工事業と異なる新しい展開である．1つには消費地加工という点である．すでにみたように，ホクレンの加工事業は産地加工を原則として行ってきた．産地加工には，原材料原価が低い，鮮度が高い，製品として輸送した方がコストが低いなどのメリットがあり，原則的に保存が可能なものは産地加工である．しかし日付を明記して販売する品目に関しては，消費地に近いところで製造した方がより製造日付の新しい製品を供給することができる．ポテトサラダなど製造してからの鮮度が重要となる

製品では消費地加工が有利なのである．
　次の新たな点は，業務提携でおこなわれていることである．ホクレンのポテトサラダ工場にケンコーマヨネーズのパッキング工場が隣接されている[22]．サラダまでホクレン工場で製造し，それをラインでつながっているケンコーマヨネーズ工場でパックして販売している．従来からも各加工食品メーカーの需要にあわせた「ユーザーレシピ」の製品を販売してきたが，同じ敷地内に工場を設置することで製品販売の需要動向から，生産地の供給に関する情報までをより密接に交換し，連絡を取り合うことができる．工場の設備投資，維持管理費等はホクレン，ケンコーマヨネーズが自分の工場に関するものをそれぞれで負担している．

6. 十勝農業の性格

　十勝の農業は「基本法農政の優等生」と呼ばれるように，構造改善事業などの政策主導によって規模拡大，経営の専門分化が進められてきた．農協は行政の補完機関としてそうした方向を積極的に展開し，自らも信用，購買事業を中心として大幅に事業を拡大した．
　しかしそれは一方で地域農業に対して優勝劣敗という思想に支えられた大量の離農発生，農家経営における負債問題，生産力問題としての地力低下という矛盾を発生させるものであり，その要因として農協の「経営主義」が指摘されてきた[23]．
　そうした農協の事業展開が可能であった背景として「十勝中農層の間に「経営合理化」の思想が農民運動を通じて定着しつつあった」[24]ことがある．それが優勝劣敗の「近代化イデオロギー」に取って代わられ，農民層の分断による離農と規模拡大をもたらしたのである．また，府県的な意味での防衛的な機能を果たす「むら」が存在せずに，機能的組織である「農事実行組合」型村落であったこともそうした「近代化」を可能としたのである．隣接する農家が相次いで離農していくなかで，その光景を目にしながら自らを奮

い立たせて規模拡大をはかってきたのである．

　一方，十勝の農業は「農協インテグレーション」といわれるように農協を中心としてシステム化ができあがってきた[25]．それは「農業の装置化」，「システム化」とよばれ資本主導による流通加工過程の再編成という性格がいままで強調されてきたが，すでにみたように一方では農協や農家が必要と目的に応じて，地域という枠を越えて機能的な組織を形成して対応してきたという性格ももっているのである．豆作主体の農業から転換するための根菜類，小麦の導入に際して，作物別のシステムが整備されてきたのである．

　しかしそうしてできあがったシステムが機能的であったが故に，逆に農民の自主的な行動が妨げられる場面もでてきた．そうした事態がクローズアップされたのが70年代後半に入って本格化した原料畑作物にかわる「第5の作物」，その代表としての野菜作の導入であった．しかしそうした事態に対しても野菜の作物毎に農協間の事業提携をおこない，地域をこえて産地化を成し遂げてきたのである．

　一方，集落は作物部会というもう1つの組織系統をその中に組み込みながら基本的には「農事実行組合」型といわれる性格を維持してきた．現在は小麦やてん菜，澱原用馬鈴しょなどの作物の収穫，出荷の調整機能を果たしているが，信用事業においてはそれまでの連帯保証制度が，経営間の資本格差や負債累積などによって，集落ではなく個別経営によって保証されるように変化してきている．

　以上のように十勝の畑作農業の展開過程は，合理的な農家の思考と機能的な集落の上にたった農協が，資本主導による市場再編という大きな枠組みのもとで，可能な限り自主的機能的な対応をしてきた歴史として跡づけられるのである．加工用馬鈴しょへの対応もそうした歴史的性格をうけて，カルビーポテトによる広域的集荷地域，農協が独自に販路を確保している地域，士幌町農協の広域的集荷地域というような地域性をもった形態としてあらわれている．以下の各章ではそれぞれに対応した芽室町，更別村，士幌町の各事例を取り上げ，原料供給体制の形成過程とその要因について分析を行う．

注

1) 「開発型農協」とは，農業金融を梃子とした構造政策に対応した農協の事業構造のことをいう．農家の規模拡大に応じて，資金の貸付，農業機械・資材の購買をおこなう．それによって販売事業の取扱高も増大する，というような事業構造である．詳しくは，坂下 [1991b] を参照のこと．
2) 十勝においては，積算温度が高く排水の良い地域に畑作経営が，また，積算温度が低く排水不良の地域では酪農が展開するという特徴がある．帯広市を中心とした同心円状に地域区分が展開しているという，その形状が類似していることから，チューネン圏と呼ばれているのである．
3) 農協販売事業における豆の買取販売に関しては小林 [2001b] も参照のこと．
4) こうした農民工場設立までの歴史を整理したものにはいくつかあるが，例えば士幌町農協組合長でありその後ホクレン，全農の会長を務めた太田寛一氏の半生を描いた島 [1983] を参照．
5) この間の事情に関しては，戦後北海道農民運動史編纂委員会 [1968] 502-506頁に詳しい．また，北海道における製糖業の展開については伊藤俊夫 [1958] も参照のこと．
6) 南工連の設立からその後の運営の歴史は，自主的に組織された連合会であり協同組合間協同という意味でも非常に大きな出来事であった．当時の農協リーダーが南工連について語った思い出をまとめたものに，梶浦福督氏 70 年の歩み刊行委員会 [1986] がある．当時の状況が当事者の言葉で活き活きと語られており非常に興味深い．
7) 十勝における野菜産地形成については，豊頃町農協を事例としたものに渡辺 [1995] がある．
8) 北海道における地区生産連については坂下・田渕 [1995] を参照のこと．
9) 「農事実行組合型」村落については田畑 [1986] を参照のこと．
10) 柳村 [1991] 149 頁．
11) 谷本 [1989] を参照のこと．
12) 山尾 [1981] に北海道における組合員勘定制度の成立と展開についてまとめられている．
13) 坂下 [1992] 第 3 章「流通・金融政策と産業組合の展開」を参照のこと．
14) 柳村 [1992] 219 頁を参照のこと．
15) 板橋 [1995] 133 頁を参照のこと．
16) 北海道の農民運動に関する文献として，前掲戦後北海道農民運動史編纂委員会 [1968] がある．さらに，士幌町の農民運動の歴史を豊富な資料によってまとめたものに今田鉄郎 [1978] がある．
17) このほか，①農協が資本投下をした共同利用施設等を有する作物は単一の部会とする，②現存の部会でその機能を他の部会に移行しても差し支えない場合は解散する，という 4 つの方針を示している．

18) 北海道における集落再編と生産部会の再編については柳村前掲書を参考のこと.
19) 農林水産省生産局特産振興課「いも類に関する資料」による数値である.
20) 「いも作り75（ナナゴウ）運動」の内容は次のものである. ① 単位面積あたりの増収と品質向上を目指して，すべての馬鈴しょの畦幅を75cm以上にする，② 食用，種，食品加工原料用の規格品歩留まりを75％以上とする，③ でん粉の安定的生産，品質向上のため原料使用量の75％以上を専用品種（農林1号）で確保するよう推進する，④ 現況75％程度の種子更新率を100％とする，という4点である.
21) 以上のホクレンに関する記述は『ホクレン八十年史』を参考にしている.
22) ホクレン発行の広報紙「Green」No.203に掲載の記事による.
23) 太田原［1992］の第5章「農業近代化と十勝農民」を参照のこと.
24) 同上書を参照.
25) 北海道農業構造研究会［1986］で，太田原氏は「農協も今まで作った施設にしがみついているだけではだめで，もう1つの作物を作り出す姿勢にたつことが重要だ」と指摘している. こうした見解からも，農協を中心とした地域農業のシステム化が強固に進展したことがわかる.

第3章　契約農業と生産組合

　芽室町は十勝の中央部に位置する．自然条件に恵まれ，高い生産力をもつ畑作農業が基幹の地域である．離農が少なくそのため比較的小規模な畑作経営が中心となり，集約的な農業経営をおこなっている．

　帯広市という地域の経済拠点にも近いことから，農家は個別に市場へ野菜を持ち込むなどの取り組みが古くからみられる．原料畑作物からの転換も早く，現在では小麦，てん菜，豆類といった畑作物に加えて，長いも，ごぼうなどの根菜類やキャベツなど，野菜も重要な作物として位置付いている．馬鈴しょに関しても，澱原用からの転換は十勝の中でも早くすすめられた．十勝における加工用馬鈴しょ生産への本格的な取り組みは，芽室町から始まったといってもよいであろう．そしてその取り組みは，加工資本と一体となり進められたことが芽室町における加工用馬鈴しょの最大の特徴である．

　そこで，本章では芽室町を対象として，加工資本の展開過程を原料供給体制の変化から明らかにし，現段階における特徴を整理する．そして生産過程における農民の組織的対応である専属出荷組合の機能と限界について明らかにする．

　加工資本にとって原料確保は重大な関心事である．自らが直営農場を経営する場合や，原料を市場を経由して調達する場合もみられるが，産地から契約栽培等により仕入れる場合が多い[1]．契約栽培の農民に対する評価は肯定的，否定的の両論がある．前者の立場からは，資本にとって大量安定的，恒常的に原料を調達するための手段であり，資本による技術支援や資金・生産手段の前借りといった機能は限定的に評価している．後者の立場からは，そ

れが資本にとって直営農場にくらべて着実に利益が得られる方法であり，農民にとっても特に途上国において農村の閉鎖性の打破や農民の陶冶につながるとしている[2]．

これらは議論された時代が異なるため単純比較することはできないが，現段階における契約栽培に対して，特に農民の視点から実証的な研究を行うことは重要であると考えられる．

芽室町は加工資本と一体となり加工用馬鈴しょを展開してきた一大原料供給産地である．生産組合によって加工資本と農民が直接的に結びついており，市場条件によって変化する資本と農民との関係が明確にあらわれる．

本章ではスナック菓子メーカーであるカルビーの原料調達子会社として設立された(株)カルビーポテトの展開過程を画期区分して，加工資本の展開過程を原料供給体制の変化によって示し，その変化に対する生産組合および農協の対応を分析する．加工資本における原料調達という問題を資本の側からのみではなく，農民による組織的対応という視点から分析することで，その形成論理を実証的に明らかにする．

1. 芽室町農業の概要

芽室町は十勝の優等地である中央部に位置しており，2000年の経営耕地面積は19,331haで，うち麦類が6,100ha，てん菜3,650ha，馬鈴しょ3,530ha，飼料作物2,940ha，豆類2,007ha，それに野菜類が作付けられている．作付構成としては小麦作の割合が高いことが特徴である．労働生産性の高い小麦作の割合を増加させ2～3年連作を行っている後継者不在の農家が多くなってきていることが原因である．総農家戸数は729戸，1戸あたり耕地面積26haと中規模である．労働力では十勝の周辺部に位置する士幌町や更別村に比較して，やや高齢化が進んでいることが特徴である．1980年代に入って一般畑作物にかわって長いもなどの野菜が増加し，十勝でもいち早く集約化の方向をたどってきた．馬鈴しょに関しても澱原用から生食，加工用へ

早くから転換してきた．

　図3-1にみるように馬鈴しょは収穫量，面積ともに1986年をピークとして減少している．収穫過程に手作業を残している加工用馬鈴しょの作付は減少傾向にあり，それへの対応が深刻な問題となっている．それでも2000年で馬鈴しょ作付面積は3,530haであり，全道でもっとも大きな産地である．

　馬鈴しょ作付の品種別特徴を図3-2でみると，加工用途がもっとも多く，ついで生食用となっており，澱原用は少ない．これは十勝中央部に共通する特徴であるが，ホクレンの導入したマチルダやカルビーポテトの導入したスノーデンといった他ではあまりみられない品種が栽培されていることも特徴である[3]．

　芽室町は以下でみていくように，カルビーポテトと一体となり原料供給体

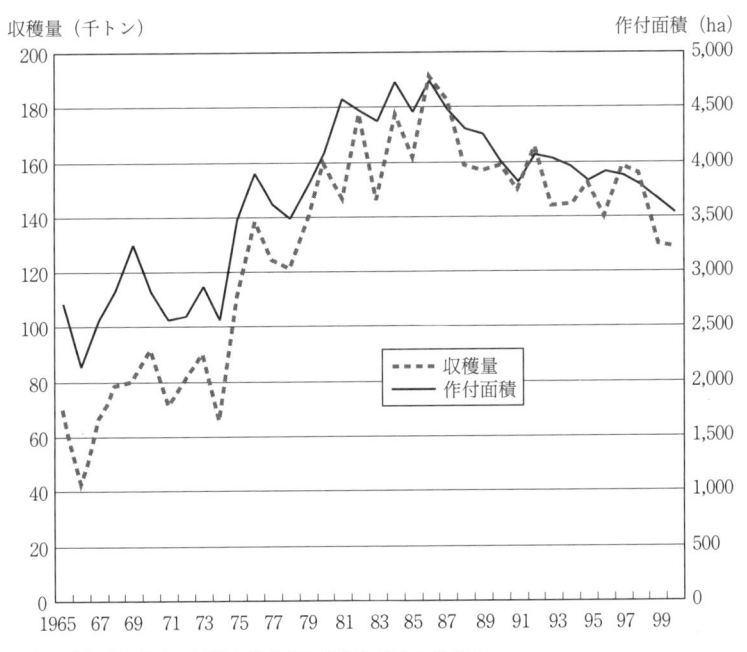

資料）北海道農林水産統計年報市町村別編各年次より作成．

図3-1　芽室町における馬鈴しょ生産の推移

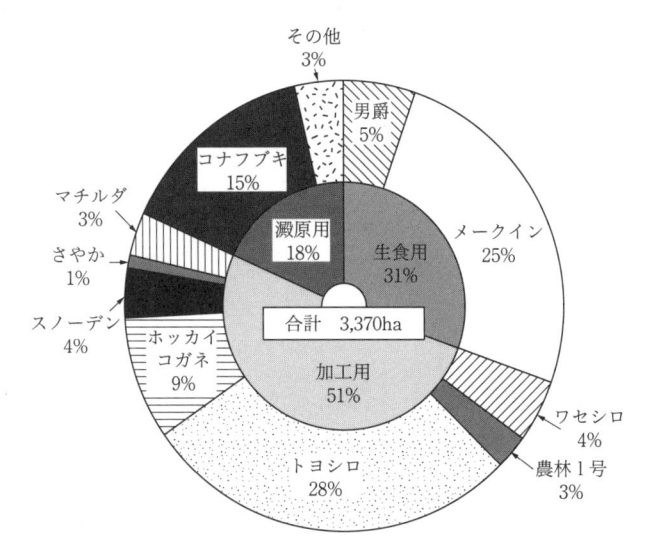

図中:
- その他 3%
- 男爵 5%
- コナフブキ 15%
- マチルダ 3%
- さやか 1%
- スノーデン 4%
- ホッカイコガネ 9%
- トヨシロ 28%
- 農林1号 3%
- ワセシロ 4%
- メークイン 25%
- 澱原用 18%
- 生食用 31%
- 加工用 51%
- 合計 3,370ha

資料）　北海道十勝支庁農務課農産係資料より作成．
注）　2002年の数値である．

図 3-2　芽室町における馬鈴しょの品種別作付面積

制を作り上げてきた．

　そうした過程で，農家の組織である生産組合がカルビーポテトとの競争，共存関係を構築してきたのである．カルビーポテトが馬鈴薯の調達システムを作り上げていく過程は，そのまま芽室町加工馬鈴薯生産組合の歴史としてもとらえることができる．まずは現在の原料供給体制の概要を整理したうえで，各主体の果たした役割を生産組合の展開過程から明らかにする．

2.　原料供給体制

　カルビーポテトの北海道における集荷範囲は，十勝，上川，網走，道南の4つに分けられる．うち貯蔵施設があるのは十勝，上川，網走である．道南地区をカバーする集荷場は函館にあり，ここには貯蔵庫はない．道南はワセシロ中心であり，貯蔵することなく「即使用」といってそのまま全国10カ

所の工場へと送られるからである．ワセシロは発芽しやすく貯蔵に向かないが，早生品種であることから九州産から北海道産へと切り替わる時期に使用される．カルビーポテトの年間購入量の大半が北海道産であり，さらに十勝地区における集荷量が6～7割を占め，カルビーポテトにとって十勝の位置づけの大きさがわかる．その中でも芽室町農協と帯広川西農協がそれぞれ約4万トンを占める割合となっている．

カルビーポテトの各センターに貯蔵された馬鈴しょは九州産が収穫される5月まで貯蔵されて順次工場へと出荷される．工場からはカルビーが担当する．製造は各販売店舗毎のオーダーに対応して行われる．カルビーからは週毎（年間52週）に販売計画が出され，カルビーポテトはそれに基づいて貯蔵出荷計画を立てるのである．

カルビーはポテトチップの製造を開始した1970年頃は農協から馬鈴しょを購入していた．しかし品質面で求めるものが確保できなかったために，農協を経由せずに農家からの直接買付を検討した．しかし農家は，馬鈴しょ以外の作物を農協に出荷しており，馬鈴しょのみ完全に農協を中抜きすることはできなかった．農協組織とも話し合いがもたれ，結果として農協経由による流通となった．カルビーポテトとしては「クミカン」を代金口座として利用できることは農協経由のメリットとなっている．

現在カルビーポテトの原料集荷は，特定の農家によって組織された生産組合や生産部会から農協を経由した契約栽培によっておこなわれている．しかし一部には個別農家からの集荷やスポット的に農協から購入する場合もみられる．

では，芽室町を対象にカルビーポテトの原料集荷体制について詳しくみてみよう．まずは芽室町農協の馬鈴しょ販売実績である．図3-3によると加工用が合計で16億5,800万円ともっとも多く，ついで生食用7億3,400万円，澱原用6億9,500万円となっている．加工用のなかでカルビーポテト向けがもっとも多く14億6,100万円となっており，芽室町の加工用馬鈴しょにおけるカルビーポテトの位置づけの大きさが示されている．

澱原用 23%
695(百万円)

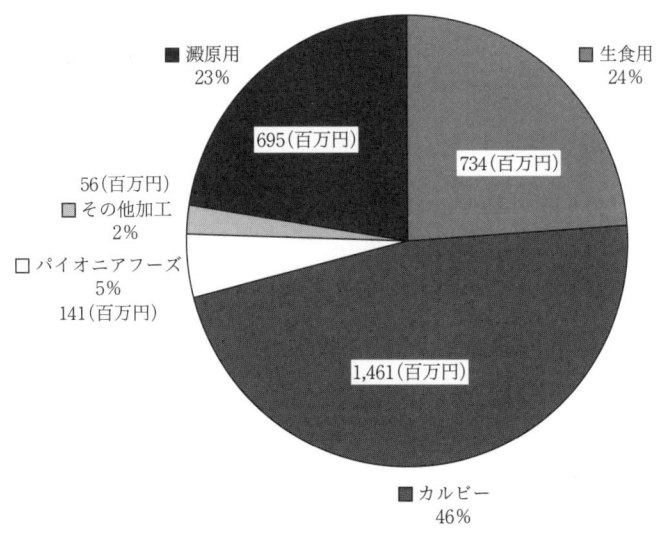

生食用 24%
734(百万円)

56(百万円)
その他加工 2%

□パイオニアフーズ 5%
141(百万円)

1,461(百万円)

■カルビー 46%

資料) 芽室町農協業務報告書より作成.

図 3-3　芽室町農協の加工用馬鈴しょ販売額（2001年度）

　芽室町における原料供給体制の概要を整理したものが図 3-4 である．芽室町には加工用馬鈴しょに関する生産者組織が 2 つある．1 つは芽室町加工馬鈴薯生産組合（以下生産組合と略）であり，カルビーポテト向けに生産している農家が全員加入している．2002 年 4 月現在組合員 310 名，取り扱う品種は 7 割がトヨシロ（ポテトチップ，じゃがりこ），他にはワセシロ（ポテトチップ），農林 1 号（ポテトチップ），アトランチック（ポテトチップ），スノーデン（ポテトチップ），コナフブキ（じゃがりこ）である．もう 1 つの生産者組織は芽室町北海コガネ生産組合でありパイオニアフーズ向けに生産している農家が加入している[4]．2002 年 4 月現在組合員 69 名，ホッカイコガネを出荷しており，主にフレンチフライ，コロッケの原料となる．

　芽室町農協における原料供給体制は，品種＝加工メーカー別専属出荷組合として特徴づけることができる．馬鈴しょの品種毎に出荷先の加工メーカーが固定されており，生産者は生産組合を組織して加工メーカーと契約栽培を

第3章 契約農業と生産組合

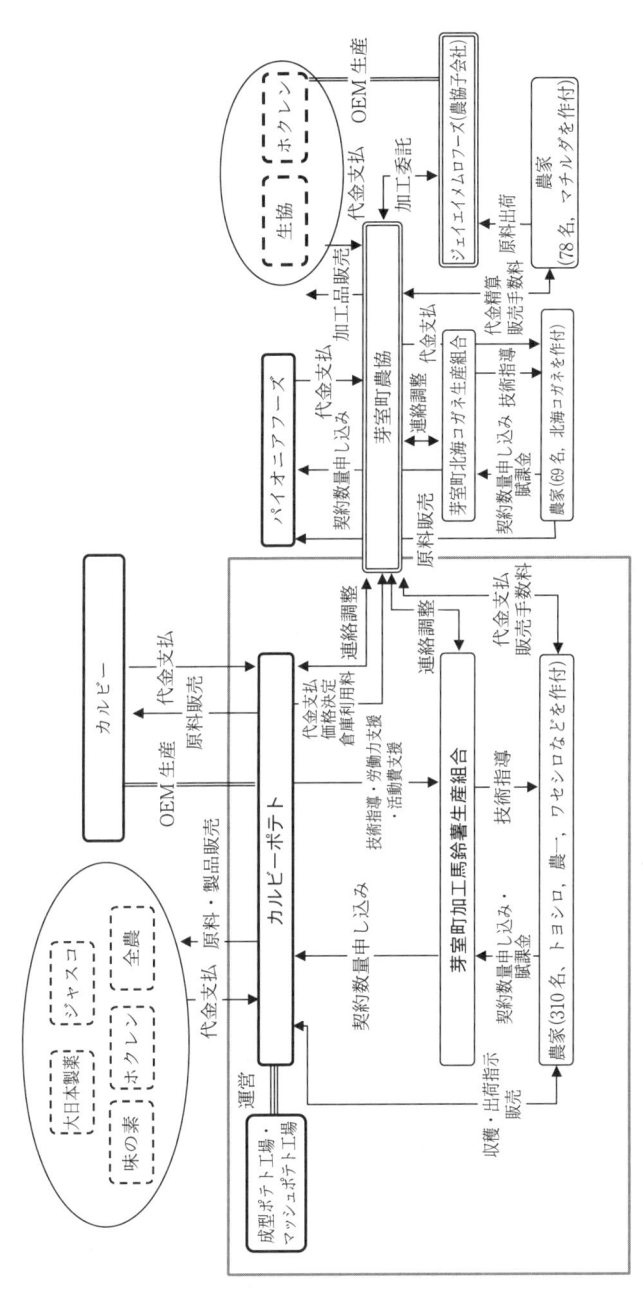

図3-4 芽室町における現段階の加工用馬鈴しょ流通と各組織の機能

注 1) 太線の囲みは加工資本を、二重線の囲みはその子会社を、実線の囲みは農家と農家組織を、破線の囲みは販売先をそれぞれ表している。
2) 矢印は両者の関係（関与のしかた）を表している。

おこなうのである．生産組合は，組合員の作付意向などの取りまとめや技術研修，製造工場の視察などをおこなっている．生産組合は表3-1にみるように，組合員の組合費，負担金の他に，カルビーポテトからも活動助成金が出されている．一方，農協は加工メーカーと生産組合との連絡，調整係としての機能を果たしている．

毎年8月に農家からとりまとめられた種いも量は，基準反収に基づいて翌年の2月に面積が決定され，町内の渋山，報徳，上美生の3地域の種いも生産農家によって栽培される．種いも価格は最低基準保証がなされており，農協連から斡旋される原種代に採種の生産費（物財費に労賃，地代，資本利子を加えた生産費）を加えた価格で決定され，さらに品種毎に基準反収が決められている．種いも価格，基準反収は3年に1度，町，農協農産担当理事，各馬鈴しょ生産組合長（食用，加工，澱原，種）が参加する「芽室町種子馬鈴薯生産協議会」によって改定される．

表3-1 生産組合の収支状況（2001年度）

	項　　目	決算額(円)	備　　考
収入	繰越金	64,105	
	組合費	1,328,000	332戸×4,000円
	負担金	2,140,016	42,800,320kg×5銭
	カルビーポテト助成金	2,225,000	
	雑収入	293	貯金利息
	農協助成金	315,000	
	合　　計	6,072,414	
支出	総会費	160,000	資料印刷，必要品他
	会議費	574,961	役員会・三役会
	研修費	1,984,600	研修積立360,000円，工場視察
	支部活動費	996,000	332名×3,000円
	旅費・日当	1,321,000	役員・班長日当
	役員班長手当	519,000	三役30,000円×3名，役員15,000円×9名，班長7,000円×42名
	表彰費	200,000	優良出荷者表彰記念品他
	雑　費	14,410	香典代他
	合　　計	5,769,971	

資料）芽室町加工馬鈴薯生産組合総会資料より作成．

採種の斡旋量が基準反収に満たない場合は町，生産者，農協の営農指導費によって拠出された「優良種いも準備金」(2,500万円の基金) を取り崩して補填する．種が足りない場合は十勝農協連から調達し，多くとれた場合には農協連に斡旋してもらい，未斡旋分は澱原用として処理する[5]．

馬鈴しょ生産農家に対しては，作付の前年秋に作付予定が確認され，春の播種後に再度面積を確認する．計画の面積と異なる場合もあるが，生産組合で調整するようなことはない．農家は2年先の動向を予測して種いもの注文を出すのであるが，毎年春にカルビーポテトの関係者と生産組合との懇談会が支部単位で開催されており，そこでの情報をもとに個々の農家が判断して面積を決定するのである．実際のカルビーポテトとの契約数量は1年ごとに決定される．取引要領（価格や規格など）は春先にカルビーポテトから提示される．6月に最終的に農家毎の反収，面積が確定し，それに基づいて品種毎の出荷枠が決定される．その枠内では取引要領の条件で買い取られ，それを超える分は別の条件で買い取られる．

取引要項については，生産組合役員，農協，カルビーポテトの間で協議がおこなわれ，最終的には農協の理事会で決定される．

生産された馬鈴しょは農家の希望に応じてコンテナ，バラで出荷される．2002年度での割合はコンテナ43％，バラ47％である[6]．カルビーポテトが原料貯蔵，配送の関係を考慮しながら収穫，受入順序計画を立て，農協を経由してFAXで農家に流される．カルビーポテト所有倉庫2棟，農協倉庫4棟にそれぞれ出荷されるが，農協倉庫もカルビーポテトに専属契約で賃貸されており，倉庫の維持管理費等はすべてカルビーポテトが負担している．

農協のなかでカルビーポテトを直接担当している職員はわずか1名であり，主に生産組合とカルビーポテトとの間の連絡調整機能を果たしている．前述したように2001年度のカルビーポテト向け販売額は14億6,100万円であり，農協が徴収している手数料は1.5％である．

3. 市場の変遷と生産組合の性格

以下ではカルビーポテトの事業展開過程と照らし合わせながら，各時期における生産組合の性格を明らかにしていく．表3-2，表3-3，図3-5を参照しながら，カルビーポテトの事業展開と生産組合の機能変化について，各期ごとに整理していこう．

(1) 拡大期（1970年代後半～1980年代後半）

カルビーがポテトチップを作り始めたのは75年である．その2年後の77年に北海道で本格的に原料調達に乗り出したカルビーは，馬鈴しょの産地であった芽室町に一拠点を置くことになり，坂の上地区に貯蔵庫が設立され，それと同時に芽室町加工馬鈴薯生産組合が設立された[7]．この時期から80年代の終わりまでが拡大期と区分できる．後掲図3-6に示すとおり，当初の品種は澱原用のエニワや生食用との兼用種である農林1号が中心であったが，その後ポテトチップに適したトヨシロの作付がカルビーポテトによる技術指導の成果もあり増加していった．

カルビーポテトとは開始当初は数量契約であったが80年代中頃に農家にとって有利な面積契約となった．カルビーポテトは「フィールドマン」を配置して生産現場を把握することで収穫量の予測がある程度可能となったためである．また拡大期にあり，原料の確保が第1優先であったことから，安定的な販路として確保できるように面積契約としたのである．

後掲図3-7にみるように，この間生産組合員数は減少しているが，販売額は大きく増加していったのである．

81年には馬鈴しょの比重によるインセンティブが価格体系に盛り込まれ，それまで量の概念が中心であった原料畑作地帯である十勝に，品質の意識をいち早く持ち込んだといわれている（図3-5）．84年にはさらに品質重視の価格体系へと変更された．82年にはカルビーポテトの北海道事業本部が芽

第3章 契約農業と生産組合

表 3-2 芽室町加工馬鈴薯生産組合およびカルビーポテトの展開過程

		芽室町加工馬鈴薯生産組合		カルビーポテト	備考
創生期	1969				カルビーが千歳工場操業開始．北海道全域を担う．
	1970				
	1971				
	1972				
	1973				
	1974				カルビーが北海道事業本部設置．北海道3カ所に馬鈴しょ貯蔵庫を4棟建設．
	1975				カルビーがポテトチップスの販売開始．
拡大期	1976				
	1977	7月	生産組合の設立．(上伏古・坂の上・栄・中伏古・北伏古・新生・大成の7支部)		カルビーが9月芽室町坂の上地区に貯蔵庫建設．
	1978				
	1979				
	1980	5月	取扱可能数量の増加にともない川西・美生・北芽室・祥栄の4支部が加わり全町組織となる．	カルビー(株)の原料部門から分離独立してカルビーポテト(株)の設立	
	1981		大成地区に貯蔵庫新設．	比重インセンティブの導入．	
	1982			北海道事業本部が芽室町に移転	
	1983				
	1984			世界初の馬鈴しょ輸送船「カルビーポテト丸」就航．品質を重点的に評価する価格体系が設定．	
	1985		2代目組合長が就任．	馬鈴しょ研究所の設立	仁丹加工馬鈴しょ生産組合設立(89年に北海コガネ生産組合へ組織替え)
	1986		大成地区貯蔵庫の増設．		
	1987				
	1988		カルビーポテトからの活動助成費が増加．		
	1989		生産組合員全戸に生産意向調査を実施．Dランク生産者の受入中止にともない，農協が一部独自に販売(89〜91)	市販用高品質マッシュポテトの開発，販売．	
	1990				

(つづき)

		芽室町加工馬鈴薯生産組合	カルビーポテト	備考
停滞期	1991	3代目組合長が就任．新生支部と大成支部が合併，10支部体制へ．		
	1992			
	1993		取引単価の引き下げ．受入規格の変更．スティックポテト，ポテロスなどの業務用ポテト冷凍品の開発，販売	ジェイエイめむろフーズ株式会社設立．
	1994 6月	生産組合の組合員規程が定められる．十勝管内加工組合親睦会を開始．		
	1995	価格体系へ支部インセンティブが導入にされ，支部単位の活動により品質の向上を目指す．	価格体系に「支部インセンティブ」導入．買入価格キロあたり5円の引き下げ．受入規格の変更．カルビー馬鈴薯食品瀋陽有限公司(中国)を設立．中国産を原料としたマッシュポテトの生産をおこなう．	
再編期	1996		コンテナ一貫収穫システムの開始．	
	1997	生産組合役員の選出が組合の選任から地区支部長である理事の選任に変更．	帯広川西農協管内にじゃがりこ工場を設立．馬鈴しょ産地立地型工場のモデルケースとして操業開始．	馬鈴しょ大豊作．北海道平均では史上最高の反収4,040キロを記録．
	1998		契約数量を超える部分は割引価格で取引する数量契約へ移行．網走管内小清水町マッシュポテト工場の閉鎖決定．	
	1999	一般組合員も参加して工場視察を開始．	価格体系に「工場使用時インセンティブ」の導入．カルビーポテトの本社を東京から帯広市へ移転．	
	2000		個別農家毎に過去の平均反収を基にした個別数量契約に．価格体系に「JITインセンティブ」の導入．買入価格の値上げ．帯広工場増設で年間処理3万トン体制へ(じゃがりこ4ライン)．	
	2001	早期培土の部分的実施．収穫作業受託の開始．	十勝地区にて馬鈴薯収穫のコントラクター事業を開始．	
	2002			

資料）芽室町加工馬鈴薯生産組合資料，聞き取り調査，カルビー(株)，カルビーポテト(株)の会社案内資料・ホームページより作成．

室町に移転され，貯蔵庫も81年，86年にそれぞれ増設された．

表 3-3　カルビーの馬鈴しょに関する事業展開の経緯

年	事項	年	事項
1968		1987	
1969	千歳工場操業開始．北海道全域を担う．	1988	新商品シリアルのテスト販売．
1970	宇都宮工場(栃木県)操業開始．	1989	シリアル専用工場が栃木県に完成．全国へ販売．
1971		1990	
1972		1991	カルビー香港設立．
1973		1992	
1974	北海道事業本部設置．北海道3カ所に馬鈴薯貯蔵庫を4棟建設．	1993	「カルビーアジア会議」の開催
1975	鹿児島工場の設立．ポテトチップの販売開始．	1994	新カルビーロゴの導入．カルビー四州(香港)設立．
1976	宇都宮第2工場，滋賀工場完成．	1995	青島カルビー(中国)設立．アジアへ本格的展開を開始．新宇都宮工場(栃木県)操業開始．
1977	鹿児島ポテトチップ工場完成		
1978	千歳ポテトチップ工場完成．ポテトチップの爆発的ヒット．	1996	烟台カルビー食品有限公司(中国山東省)を設立．
1979		1997	
1980		1998	
1981	下妻工場(茨城県)操業開始．	1999	綾部工場(京都府)操業開始．
1982		2000	カルビー四州香港に新工場竣工，操業開始．
1983	各務原工場(岐阜県)操業開始．		
1984		2001	
1985			
1986	広島西工場(広島県)操業開始．		

資料)　カルビー(株)の会社案内資料・ホームページより作成．

(2)　停滞期（1980年代後半～1990年代中頃）

　加工用馬鈴しょ需要が停滞する中でカルビーポテトは，親会社であるカルビー以外への馬鈴しょ販売を開始し，受託生産も含め自ら商品開発にも取り組むようになった．表3-4は2001年におけるカルビーポテトの概要を示したものであるが，取引先はカルビー以外に味の素，ホクレン，ジャスコ，大日本製薬，全農など，多岐にわたっている．

　契約条件に関しては，93年に取引単価の引き下げがおこなわれ受入規格が強化された．95年には買入価格がキロあたり5円引き下げられ，受入規格もさらに強化されることになった（図3-5）．そのときは生産組合として独自販売が検討されたが，実際は4万トンという数量を一括して購入できる販売先はなく，またカルビーポテトとの密接な関係から容易には転換しえなかったのである．

　そこで，生産組合は停滞期に対応すべく栽培技術の向上と組織の再編をお

比重インセンティブ

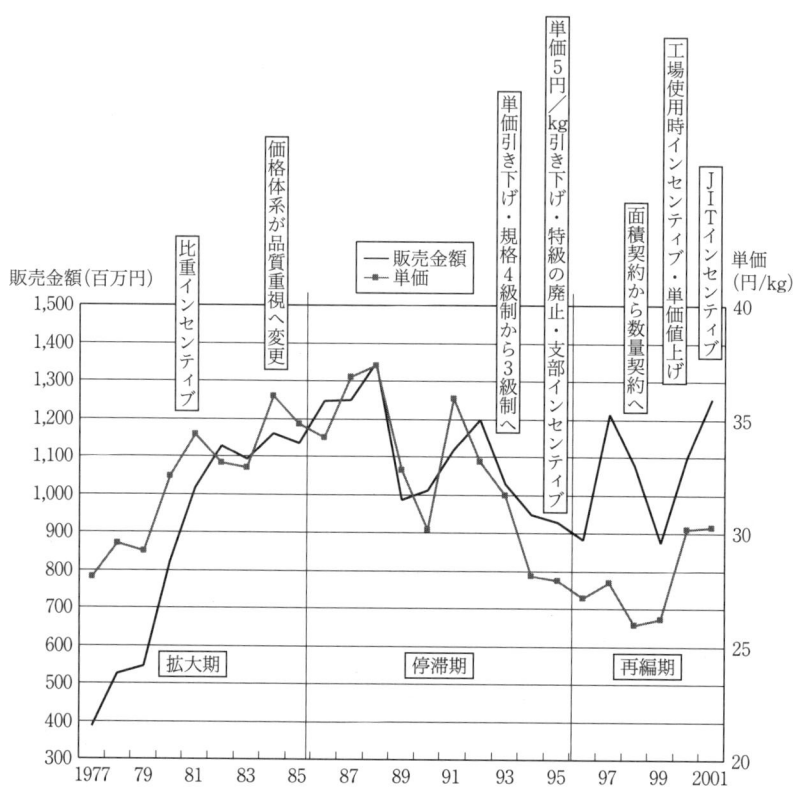

価格体系が品質重視へ変更

単価引き下げ・規格4級制から3級制へ

単価引き下げ・特級の廃止・支部インセンティブ

単価5円/kg引き下げ・特級の廃止・支部インセンティブ

面積契約から数量契約へ

工場使用時インセンティブ・単価値上げ

JITインセンティブ

―― 販売金額
―■― 単価

販売金額(百万円)
単価(円/kg)

拡大期　停滞期　再編期

資料) 芽室町農協資料および生産組合資料等より作成.
注) 販売数量及び金額に選別屑は含まない.

図 3-5　芽室町農協加工馬鈴薯生産組合の販売実績の推移

こなった．まず，栽培技術の向上に関しては，90年代に入った頃から生産組合としても技術向上の重要性が認識された．役員を中心に工場見学などがおこなわれ原料として求められる品質への認識が深められていった．95年には価格体系の中へ支部インセンティブが導入され，品質向上のために支部での活動を強化するためにカルビーポテトから奨励金が出された．

　組織再編では94年に組合員規定を設け，生産組合の組織基盤を強化したことがあげられる．それまで出荷した時点をもって組合員と見なしていたた

第3章　契約農業と生産組合

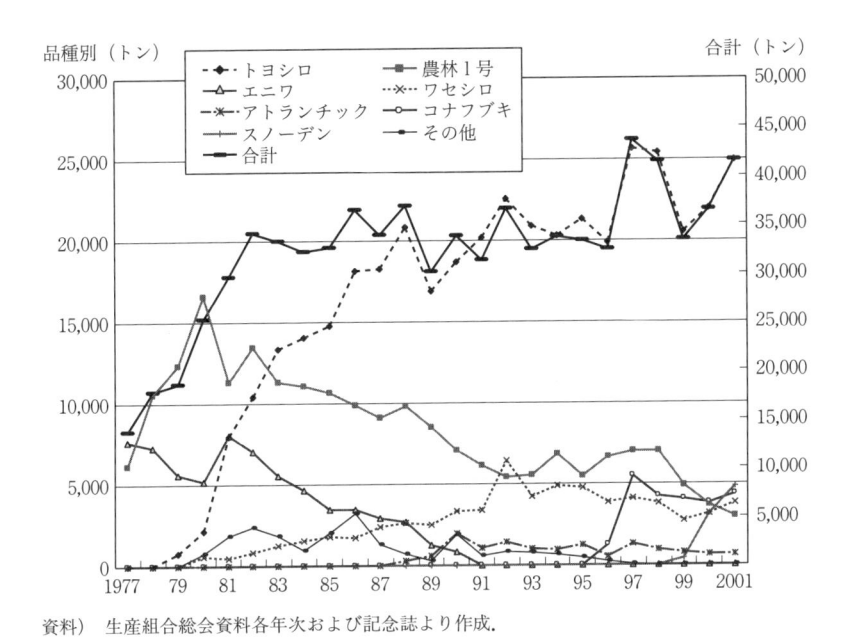

資料）生産組合総会資料各年次および記念誌より作成.

図3-6　芽室町加工馬鈴薯生産組合の品種別取扱数量

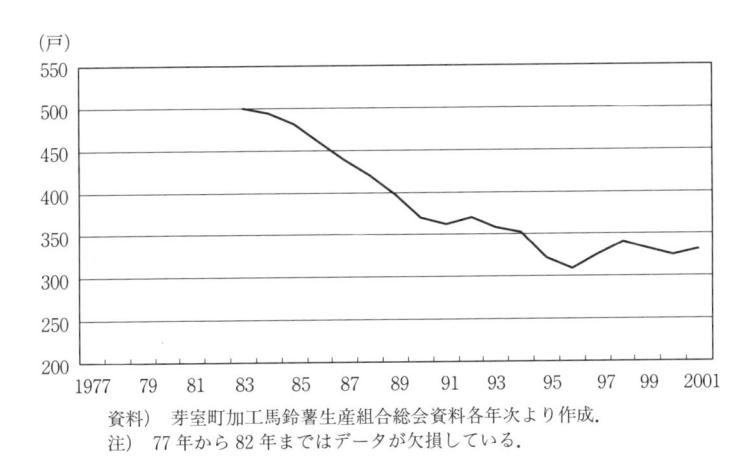

資料）芽室町加工馬鈴薯生産組合総会資料各年次より作成.
注）77年から82年まではデータが欠損している.

図3-7　芽室町加工馬鈴薯生産組合員数の推移

表3-4 カルビーポテトの概要（2001年現在）

設　立	1980年10月15日
資本金	1億円
社員数	103名
売上高	194億円
本　社	北海道帯広市
事業所	十勝・上川・網走・宇都宮・岐阜・鹿児島各事業所，馬鈴しょ研究センター，技術センター，事務センター，東京事務所，道内18支所(貯蔵庫併設)
工　場	帯広工場，瀋陽工場(中国)
貯蔵庫(北海道)	上川地区（7カ所） 網走地区（6カ所） 十勝地区（5カ所）
取引先	カルビー，味の素冷凍食品，ホクレン，ジャスコ，大日本製薬，全農，その他

資料）　カルビーポテト・ホームページより作成．

めに，カルビーへ出荷契約していても他の業者と価格を比較して出荷先を決める組合員がいた．それではカルビーポテトの計画的な集荷に支障を来す．そのため生産組合に組合員規定を設けて，作付した時点で生産組合員であるというように変更し，作付けたものは原則的にすべて生産組合へ出荷することとした．農家からの生産物を厳密に把握するように組織改編したのである．こうした組織強化によって，「縛り」を嫌う農家が生産組合を脱退しても仕方がない，という組織としての判断の結果である．こうして生産組合はカルビーポテトへの専属出荷組合としての性格をより強固なものとしたのである．

(3)　再編期（1990年代後半〜現在）

停滞期に引き続き，この時期にもカルビーポテトはカルビーの単なる原料集荷子会社ではなく，馬鈴しょの「専門商社」として事業内容を拡大していく．スナック菓子原料以外にも様々な製品の販売をおこない，さらに中国にマッシュポテト工場も建設している．カルビーポテトの販売実績のうちカル

ビーへの販売は6〜7割程度にまで低下しているという．図3-8はカルビーポテトのスナック菓子原料以外の販売割合を示しているが，これによると生馬鈴しょ加工原料，青果，マッシュポテト，冷凍加工品など多角的販売におこなっていることがわかる．

さらに90年代後半からの再編期にはいると97年の史上最高の豊作を契機として，それまでの面積契約から契約数量を超える部分に関して価格を引き下げるという方式に変化した．さらに2000年からは農家毎，品種毎に数量契約を行うようになった．それまで（97-99年）は個別農家の出荷量が契約数量と異なった場合でも，生産組合全体の総量で契約数量を超過しなければよかったが，個別農家，品種毎に過去5年の反収平均から導きだされた数量を基準とした契約へと変化したのである．これにより個人の超過分を生産組合内で調整することができなくなった．これはカルビーポテトが高品質なものを安定的に確保するために，より個別農家のレベルで生産状況を把握しようとする動きである．面積契約から数量契約への変更に際しては，基準価格の値上げが同時に行われたため，農家として反対はできなかった．

また価格体系は原料保管時の歩留まりにつけるプレミアを強化してきている．84年には原料の保管状態，99年には「工場使用時インセンティブ」，

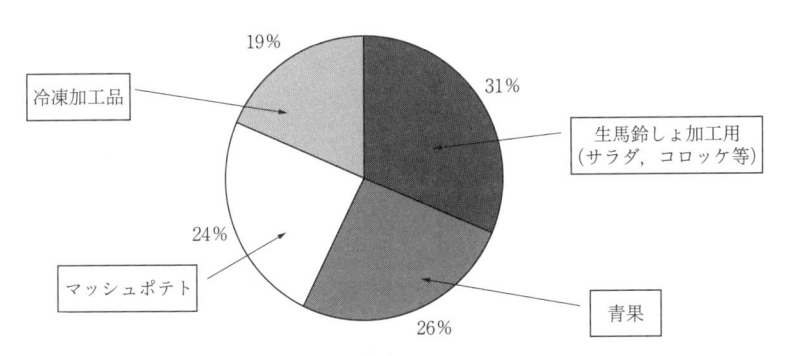

資料）カルビーポテトホームページより作成．
注）実数はわからず割合のみである．

図3-8　カルビーポテトにおけるスナック用原料以外の販売割合

2000年に「JIT (Just In Time) インセンティブ」をそれぞれ導入した．そこでの基本的な考えは，比重による基本価格を引き下げ，その替わりに品質プレミアの評価をあつくしようというものである（表3-5）．

また，組織としてはより民主的な組織への変化を模索している．97年に，生産組合の役員選出方法が組合員の意向をより反映できるような方法へ変化した．図3-9にみるように，それまでの正副組合長は組合員の総会で選出されたいわば全国区であり，地区代表の支部長の一段上に三役が位置していた．それを図3-10のような支部長による互選方式へ変更したのである．

要因の1つは組織のスリム化である．互選にすることで役員が3名減少し人件費が削減される．もう1つの要因として組織の民主化があげられる．以前は三役が長年にわたって再選されており，価格の低迷を背景とした組合員の不満が，三役とカルビーポテトとの「なれ合い」への懸念として発現した．

さらに生産者の意見が支部長段階でとどまり三役までになかなか伝わらないという不満も聞かれた．カルビーポテトとの関係を構築していく初期の段階では三役の主導権が重要であった．カルビーポテトにとっても，同じ相手の方が話を進めやすい，というメリットがあった．しかし価格が引き下げら

表3-5 カルビーポテト向け出荷の価格体系(2001年度)

基本価格 I
評価基準　　比重，大きさ，腐れ等
規　　格　　1～4級
品質プレミア(基本価格にどれか1つが加算される)
① 基本価格 II
評価基準　　受入後1カ月保管した後の品質を15kgのサンプル検査で評価．
規　　格　　A～Cまであり kg単価 A+2, B±0, C−1円のプレミア．
② JITインセンティブ
評価基準　　受入時に1日間プレハブにて加温し，その時の傷打撲等で評価．
規　　格　　A～Dまであり kg単価 A+4, B+2, C±0, D−2円のプレミア．
③ 工場使用時インセンティブ（コンテナ出荷のみ参加可能）
評価基準　　工場使用時の品質で評価．
規　　格　　A～Dまであり kg単価 A+4～6, B+2～3, C±0, D−2～3円のプレミア．

資料）芽室町加工馬鈴薯生産組合資料および聞き取り調査より作成．
注）トヨシロの場合である．

第3章 契約農業と生産組合

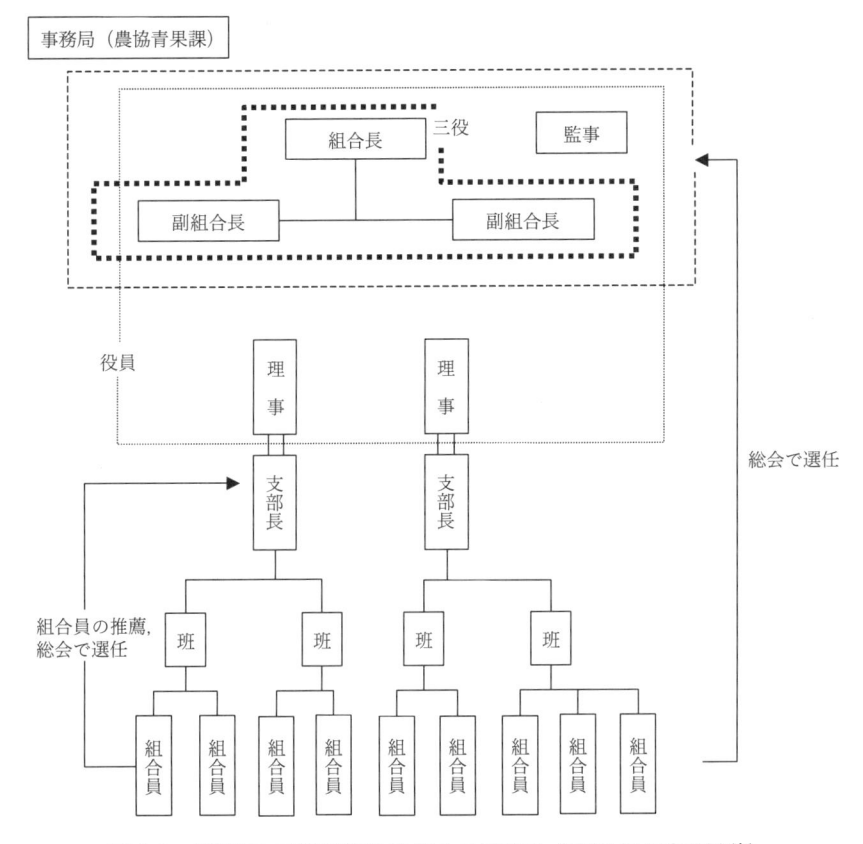

図3-9 芽室町加工馬鈴薯生産組合の組織図（1997年の改正以前）

れる時期になって，組合員の不満が直接カルビーポテトに対してではなく交渉の矢面に立っている三役に向けられたのである．そこで生産組合は三役の選出方法を変えて三役を一新し，組合員の要望が支部長を通じて役員へと伝わり易い組織へと変化させようとしているのである．

　生産組合の成立当初は，カルビーとの価格交渉においても生産組合三役の役割が非常に大きく，生産組合は農協の下部組織である生産部会とは異なり，農家の自主的組織としての側面が強かった．しかし，そうした性格は再編期

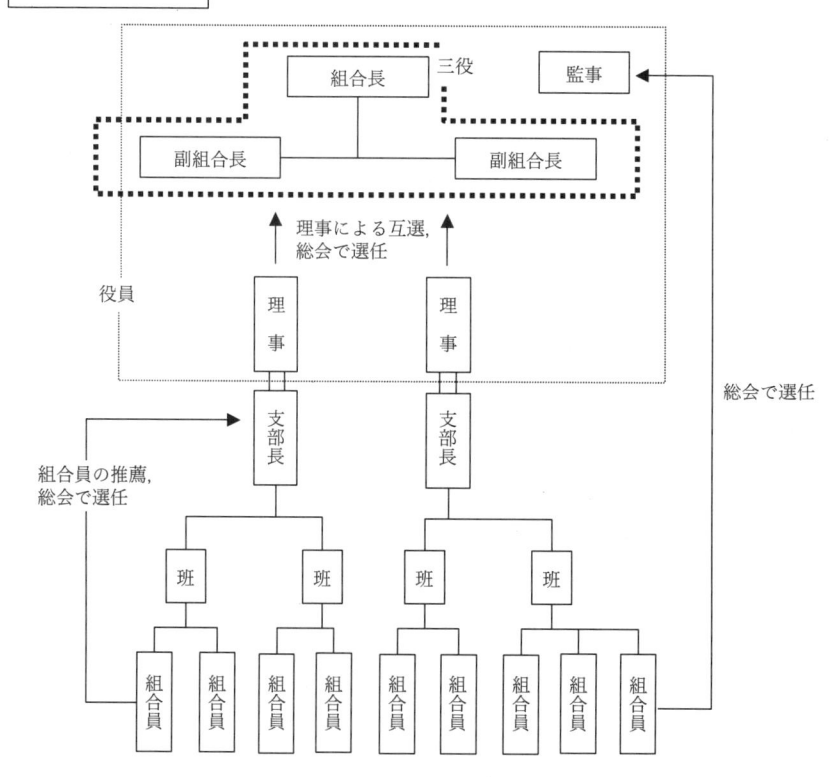

図 3-10 芽室町加工馬鈴薯生産組合の組織図（1997 年の改正以後）

から停滞期にいたって変化してきた．

　スナック菓子市場の停滞にも影響されて価格の引き下げが相次いでいるが，そうした事態に対して，94 年頃から価格交渉に農協が参加するようになっている．そうしたなかで生産組合は，生産技術の向上という役割を強めている．

4. 地域農業システム化への模索

　すでに述べたように芽室町における馬鈴しょ作付は，労働力不足や高齢化の進展などによって減少傾向にあり，産地として転換期を迎えている．芽室町における原料供給体制は，生産組合は組織されているが農家毎の契約栽培であり，本質的には農家とカルビーポテトとの個別的関係であるといえる．生産組合の機能はカルビーポテトとの連絡と農家の技術向上が主であった．一層強化された受入基準に対応できない農家はカルビーポテトとの取引を中止せざるをえないが，他に販路がないという状況にある．そうした事態に生産組合では対応できないのである．一方，カルビーポテトへ出荷している農家にとっても収穫作業の効率化は作付を維持するためにも大きな課題である．

(1) ジェイエイめむろフーズによる多元販売の模索

　これまで芽室町の馬鈴しょ産地としての発展は，ほぼそのままカルビーポテトとの関係を発展させていくことと直結していた．しかしそのままでは今後の産地維持が困難にある．そのために，連絡調整機能を担ってきた農協は積極的な展開を見せている．多元販売，加工事業への取り組みである．

　農協はカルビーポテトの需要動向に影響されて，幾度か多元販売を検討してきた．以下ではその展開過程について整理してみよう．農協はカルビーポテトへ出荷している品種を独自で売るということは基本的にはなかった．一部規格外（Ｓサイズの小さなものや340g以上の大きなものなどカルビーポテトが集荷しないもの）をマッシュポテトとして販売する程度であった．豊作時にカルビーポテトが品質の悪い農家からの受入を中止した際に，農協がその分を独自に販売したことはあったが，それも一時的なものであった[8]．

　カルビーは九州から北海道まである産地を製造拠点と集約化して，横持ち運賃を節約するために工場の周りに大産地を育成するという戦略をとってきた．芽室町はそうした戦略のもとで重要な産地として展開してきたために，

他に販路を確保する必要性も少なかったのである.

その後 95 年に単価が 5 円/kg 引き下げられ（前掲図3-5），生産組合，農協として再び独自販売が検討された.専属出荷の危険性が露呈したのである.しかし 4 万トンという量を受け入れられる販路を開拓することは困難であり，カルビーポテト相手に売るしかなかった.また，カルビーポテト向け馬鈴しょを貯蔵している農協倉庫の維持費はすべてカルビーポテトが負担している.農協としては出荷するまでが担当であり，独自販売をするには倉庫もない状態である.これは芽室町の加工用馬鈴しょがカルビーポテトと二人三脚で展開してきた結果である.

	1994
事業総収益	215,400
事業総費用	188,176
事業総利益	27,225
事業管理費	54,387
事業利益	△ 27,162

資料）芽室町農協業務報

つまり芽室町農協が多元販売をおこなうためには新たな品種を導入することが必要だったのである.そこで農協はホクレンがスウェーデンから導入した「マチルダ」を使って加工事業を開始したのである.マチルダは食用，加工用ともに適しており病気に強く減農薬栽培に向いているが，玉が小さく食用としてはあまり流通していない.しかし小粒ながら完熟しているために皮付きホールポテト，スライスポテト，カットポテト，ベークドポテトなどに加工して販売している[9].製造は農協子会社である(株)ジェイエイめむろフーズがおこなっている.これは 93 年 7 月に芽室町農協の 5,000 万円の出資によって設立され，94 年に操業を開始している.農協独自に生協向けなどに販売するほか，ホクレンからの委託生産もおこなっている（表 3-6）.

また 2001 年から「さやか」を加工用として販売している.現在ホクレンの山梨のサラダ工場に出荷しているが，将来的には，独自の加工販売も検討している.

(2) カルビーポテトによる作業受委託事業

芽室町において馬鈴しょ面積が減少している主要因に収穫作業の労働力不足がある.カルビーポテトによる農家への支援は技術指導が中心であったが，2001 年からはより生産過程に踏み込んで作業受託事業を開始している.事

表 3-6　芽室町農協における加工事業利益

(単位:千円)

1995	1996	1997	1998	1999	2000	2001	2002
295,029	346,398	410,062	429,850	539,508	686,149	904,073	1,051,892
257,998	308,893	362,442	378,571	470,775	615,543	863,004	1,011,671
37,031	37,505	47,620	51,279	68,733	70,606	41,069	40,221
48,325	39,485	42,538	40,619	66,163	71,530	69,619	65,695
△ 11,295	△ 1,981	5,082	10,660	2,570	△ 924	△ 28,550	△ 25,474

告書各年次より作成.

業は「2 row ハーベスターコントラクター事業―Scale UP (SUP) プロジェクト―」とよばれ, 多畦収穫の可能なハーベスターによる収穫をおこなうものである. 2002 年現在は芽室町農協, 帯広川西農協管内で試験的に実施しており, 今後改善して全道に広げるという計画である.

2002 年度の予定面積は 192ha (伴走 130ha, バンカー 62ha), 31 日間, 稼働率 50% の計画である. 内訳はワセシロ 10ha, トヨシロ 84ha, スノーデン 49ha, コナフブキ 49ha となっている. 料金は 15,000 円/10a (2001 年は 10,000 円) であり, 作業能率は 2001 年実績で約 5ha/日と従来の 10 倍である.

事業の概要についてみてみよう. カルビーポテトが全国で初めて導入した 2 row ハーベスターを, 農機具リース会社よりリースしている 160 馬力のトラクターで牽引して収穫する. 実際の作業は地元の運送会社社員がオペレーターとなって行う. 2001 年度は伴走タイプのもの 1 台であったが, 2002 年度からバンカータイプを追加している. 伴走タイプにはウインドローでディガーのように合計 4 畦を 2 畦分の上に集めてから収穫するので, 実際には 6 畦堀ということになる.

バンカータイプの場合機上選別は 4 人でおこなうが, 早い堀取りスピードに対応するために, 土塊やレキのない圃場がその前提となる. レキのある圃場には事前にソイルコンディショニングをおこなって圃場をきれいにし, 培土もロータリーヒラーで行い土塊をなくすという事前の準備が必要である[9]. それは収穫後の選果作業能率にも大きく影響を及ぼすため, この収穫体系を

実現するための必要条件である．

　委託者は収穫前に枕畝及び防除畝を収穫し，収穫前日までに茎葉の処理，除去をおこなう．当日は土砂運搬用のダンプの拠出と土砂運搬作業を行う．運搬はビート車でおこない，独自のラインによって選果する．

　カルビーポテトは生産の維持のために最新の技術を産地に普及するという機能を果たしてきた．世界各国の先進的な技術を紹介することにおいて，カルビーポテトは大きな役割を果たしている．生産組合はそうした技術の受け皿機能を果たし，普及のためカルビーポテトとともに様々な意見交換をおこなっている．

5. 契約農業の展開論理

　生産組合は加工資本と一体となって加工用馬鈴しょを展開してきた．加工資本にとっては高品質な原料を安定的に確保することが何よりも重要な課題であり，その実現のために生産組合に対して様々な支援をおこなってきた．それはあたかも蚕糸業における蚕糸資本と特約組合との関係にみられたような展開であった．

　そうした関係における農民，生産組合の役割は，あくまでも原料生産者としての位置づけにとどまり，流通過程での対応にすら進出することが出来なかった．80年代後半から加工用馬鈴しょの需要が停滞するもとで，本来ならば農協がおこなう多元販売もカルビーポテトがそれに替わっておこなってきた．

　そうしたカルビーポテトの役割は，一面では豊凶の差や需給のギャップを調整する緩衝機能を果たしてきた．実際に97年の史上最高の豊作時には，カルビーポテトがやむを得ず原料をマッシュポテト工場に輸送し，損失を被るという事態も発生した．しかし，その翌年から直ちに面積契約から数量契約へと移行するなどの対応をおこなったために，今後そうした事態が発生した場合は，生産者が損失を被るという仕組みとなっている．

また作付品種に関してはカルビーポテトの意向により2004年から農林1号の買取が中止された．農林1号は芽が深く，工場での前処理に人手が多くかかり，製造コストが嵩むためである．その場合，主な作付がトヨシロとスノーデンの2品種となり，早生から晩生までの多品種栽培からすると豊凶変動の影響を受けやすくなり，経営の危険分散の観点から危惧する声が聞かれている．しかし，農家としてはカルビーポテトの意向にしたがわざるを得ない，という状況が生まれている．

生産組合の拡大期における価格交渉の機能は縮小し，現在はより生産技術の向上に特化したものになりつつある．高能率収穫体系の確立に向けた馬鈴しょ栽培技術全体を転換しようとする取り組みがそれである．それは生産過程における取り組みが主である生産組合が，現在の価格低落傾向においてとりうる最大限の機能発揮の方向なのである．生産組合の結集力は，当初は出荷することによって得られる経済的なメリットにあったが，それが次第にカルビー以外へ出荷することが出来ない，という強制力へと変化した．そしていま，より高度な生産技術体系への模索が開始されているが，そうした方向に積極的に取り組めない高齢，小規模農家の存在が，生産組合の結集力低下という事態を招く可能性が高まっている．

一方農協としては新品種を導入して多元販売への取り組みを開始しており，さらに加工事業にも取り組んでいる．加工事業は当初馬鈴しょ主体で行われていたが，その後収益が伸び悩み現在はカット野菜の製造，ホクレンのOEM生産を開始するなど製品，販売の多角化に取り組んでいる．

注
1) 原料の仕入状況については，第1章の第5節を参照のこと．
2) 序章第2節の既存研究を参照のこと．
3) スノーデンはカルビーポテトが1991年にアメリカから導入した品種である．低温での長期保存が可能な点が特徴である．種用や生食用の馬鈴しょはそれぞれ3℃，5℃で貯蔵されるため6カ月の長期保存が可能であるが，加工用は糖化を避けるために7〜13℃で貯蔵される．したがって約3カ月後には発芽してしま

う．糖化するとポテトチップとして加工する場合褐色となり商品性が落ちるためである．そのため貯蔵には温度管理が重要でありリコンディショニングという糖を馬鈴しょ自身に消費させる温度帯で貯蔵する方法がとられる．こうした貯蔵性に適し，ポテトチップ加工適正が優れている品種として導入されたのがスノーデンである．

4) 北海コガネ生産組合は1985年に設立された．参加している農家は，町内で遅くまで澱原用主体で展開してきたが，澱原用からの転換が決定的となった80年代中頃になって，加工用途に転換したのである．

5) 種は，不足に備えるためにメインの品種（食用はメークイン，加工はトヨシロ，澱原はコナフブキ）は3～5haほど多く播種をする．また，種いもは1995年から共撰されている．

6) コンテナ出荷は，コンテナ単位で生産者，圃場，品質等の生産情報から貯蔵，製造に関する情報を管理することができ，その情報は製品が店頭に陳列されるまで保持され，トレイサビリティを確保できる．「コンテナ一貫システム」とよばれ，今後は全量をコンテナ出荷にする計画である．

7) 生産組合が成立される以前は，カルビーと個別に結びつきのある農家が中心となって「組」とよばれる組織を作り，それを単位として馬鈴しょを集荷していた．

8) 1986-88年当時，カルビーの希望数量よりも生産者の申込数量が大きく上回った．カルビーポテトは生産者を歩留まりでA～Dランクに分け，5～6戸ほどのD農家からの買入を中止した．カルビーポテトとしても消費の停滞期であった．そこで1989-91年に農協は，その農家から馬鈴しょを買い入れて販売を行った．

9) 芽室町における馬鈴しょの受入規格は，加工用は50g以上，市場の場合は80g以上である．しかしマチルダは25gから集荷している．それでも完熟しているというのがこの品種の特性である．通常小さい馬鈴しょは皮をむくのに手間がかかるので加工原料としては向いていないが，最近はステーキの付け合わせなどの需要で小さな完熟馬鈴しょの加工品の需要が見込まれている．

10) ソイルコンディショニングとは，播種床造成作業である砕土や整地と並行して播種床から石や土塊を除去する技術で，そうすることで収穫選別作業の効率化，塊茎の成長の均質化や規格外の減少，などの効果がある．

第4章　畑作限界地における地域農業振興と多元販売

　十勝の南部,「十勝チューネン圏」でいえば周辺部に位置する更別村は,日本一の大規模畑作地域である．経営耕地面積は 10,271ha で,うち飼料作物 2,900ha,麦類 2,170ha,馬鈴しょ 1,990ha,豆類 1,650ha,てん菜 1,590ha となっている．2000 年の総農家戸数は 263 戸で,1 戸あたり耕地面積は 39.4ha である．酪農家と畑作農家が混在する混合地帯であり,畑作農家に限ってみても近年では農家 1 戸あたり経営面積は 50ha になろうとしている[1]．夫婦 2 人,または後継者を加えた 2～3 人の労働力．かれらは 100 馬力を超えるトラクターを筆頭に播種から収穫まで一貫して整備された機械を駆使して,小麦,馬鈴しょ,てん菜,豆類を栽培しており,経営の粗収入は 4,000 万円に上る．こう描けば,なんとすばらしい環境で農業経営を行っているのか,という感嘆の声が聞こえてきそうである．しかし更別村農業の歴史は,中央部に比較して低い土地生産性,広範に広がる湿地,村の半分にかかる濃霧という畑作にとって厳しい自然条件との格闘の歴史であり,格闘の果ての離農と,表裏としての規模拡大の歴史であった．

　本章では,畑作地帯としては限界地に位置している更別村が,加工用馬鈴しょの作付という地域的課題に直面していかなる対応をとったのか．そうした対応をもたらした要因は何であったのかを明らかにする．

　そこでのキーワードは限界地ゆえに先手を取って行われてきた様々な組織的取り組み,地域農業のシステム化である．経営個別による存続が困難なために,優等地よりも先手を打って地域農業振興がはかられてきた．限界地における「背水の陣」的な対応である．

1. 大規模原料畑作地帯の形成

　更別村は村内全体に湿地が広がっており，入植以来湿地改良が大きな課題であった．また，村の南半分には十勝沖からあがってくる霧がかかり，豆類の生育が不安的な地域である．

　更別原野への入植当初から，更別村農業は水湿害との戦いであった．日高山脈の東に位置する更別原野には，河川らしい河川がない．そのため春の融雪時や，大雨が降るたびにあたり一面海原となった．作業機を引っ張る馬が泥沼と化した畑に埋まり動けなくなった．圃場図の上では耕地となっていても，水はけが悪く作付できない圃場も多く，作付した種がすべて流されてしまうといった事態もしばしばであった．こうした自然条件の下で，第2次大戦後しばらくは，豆作主体の不安定で投機的な農業がおこなわれていた．農家経済も厳しい状況にあったことは言わずもがなであろう．

　そのようななか，更別村では1938年4月に更別排水土功組合（のちの土地改良区）が設立されている．土功組合の設立までには約7年間に及ぶ農民の要請運動と，それを受けた道による調査が行われている．また，下流域の農民によって洪水，氾濫を招くという理由から反対運動も起こった．しかし，いずれにしても，排水の重要性が広く認識されるようになり，1940年の4月に道からの正式な許可が下り，41年から排水工事が着手された．戦時中の中断を経て，土功組合は49年には土地改良区に再編されて全村的に土地改良がなされた．

　その後，1960年代になると国営直轄の排水事業などを皮切りに，道営，団体営による土地改良がなされた．農地基盤整備によって，排水不良のため作付できなかった土地を利用できるようになり，またトラクターなどの機械導入も進んでいった．

　こうした農地基盤整備とともに，農家の経済基盤の強化にむけた取り組みもおこなわれた．その1つが，農協による営農貯金の積み上げである．

戦後に組織された更別村農業協同組合は前述したような厳しい農業基盤，農家経済をベースに出発した．いち早く農協が取り組んだものが，現在にまで続く「営農貯金」制度である．営農貯金は豆作主体による投機的で不安定な農業から脱却するために，農家の資本蓄積をはかるためであり，農家に強制的に一定額を貯金させるというものである．こうした貯金は現在多くの農協で実施されているが，更別村農協は非常に早い時期から取り組んだ．農協役員（後に組合長となる梶亀作氏など）のリーダーシップのもと，熱心に推進された．営農貯金は，1948年に農家へ営農資金を融資する「農業手形制度」が制定された際に，その担保として50年から農協で基金を積み立てたことに端を発している．その後54年には「農手自賄貯金」となり，58年に農業手形制度の廃止とともに営農貯金と改称され，現在に続いている[2]．1年間の営農に必要な資金を貯金として積み立てるもので，組合長の許可がない限り取り崩すことができない．貯金をする経済的余剰のない農家も，農業手形や証書貸し付けなどの資金を借り入れて貯金を積み上げてきた．

　当時は農協も資金難であり，農協に行っても容易には資金を借りられない状況であった．農協の融資課職員の主な仕事は，毎日のように北海道信連に資金を借りにいくことだといわれることもあったという．営農貯金はこうした農協にとって重要な資金ともなった．経済的に厳しい状況にある農家からは，営農貯金は農協の資本調達のために行っているという批判も激しく寄せられた．しかし，結果としてこうした取り組みによって農家の資金蓄積が行われていったのである．

　排水不良のため作付が不可能だった所有地の一部が，土地改良によって作付可能となり，個別農家での作付面積が拡大した．村全体でみても，農業適地が大きく拡大していくことになる．図4-1のように，1960年7,856haであった耕地面積は，85年には10,383haまで拡大したのである．一方，この間，農家の離農も激しく進んだ．同じ図4-1にみるように，特に60年代後半から70年代前半にかけての離農の嵐は非常に激しいものであった．それは基本法農政が目指した「近代化」の過程であり，その結果として，農家1

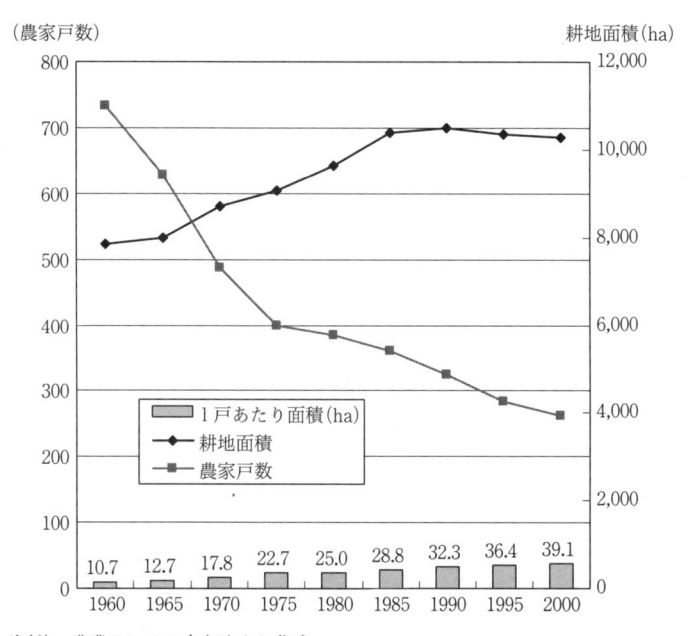

図4-1　更別村における耕地面積および農家戸数の推移

資料）農業センサス各年次より作成.

戸あたりの規模拡大も著しく進んだ[3]．

　戦後になって国営直轄の明渠事業や国営の総合農地開発事業などにより農地の排水性は大幅に改善された．透水性の向上とともに，トラクターによる深耕が可能となったために，てん菜，馬鈴しょの作付が増加していった．機械化の進展とともに豆作から根菜類主体の土地利用への転換が進んだ．十勝の7割近くを占める黒色火山灰土では，排水が確保されたことと，化学肥料の投入によって，てん菜の根重増加をもたらした．それは重量買いの価格体系のもとでは収益の増加に直結した．

　馬鈴しょに関しては，土壌条件によって展開に違いが見られた．乾性火山灰土で栽培された馬鈴しょは，いも肌がきれいで「白いも」と呼ばれ，食用馬鈴しょ市場の評価は高い．一方湿性火山灰土の馬鈴しょは「黒いも」と呼ばれ，見た目が黒いため市場評価も低い．「黒いも」に砂の「おしろい」で

化粧をしてから出荷する農家もあったという．乾性火山灰土の地域では早くから食用馬鈴しょの作付が行われてきたが，湿性火山灰土では見た目に関係のない澱原用馬鈴しょの作付が中心であった．また，澱原用馬鈴しょ用品種は生食用の男爵，メークインと比較して湿害に対する抵抗性が強い[4]．そのため，湿性火山灰地域では澱原用馬鈴しょが基幹として作付けられてきたのである．

更別村でも，一部集落をのぞいてそのほとんどが湿性火山灰土である．そのため澱原用馬鈴しょの作付が中心であった．また，豆作の時代から，生産性が低いために農業経営として自立するために必要な規模が中央部よりも大きかった．澱原用馬鈴しょは生食，加工用に比較して機械収穫体系が効率的であるため，大規模経営にも向いていた．こうして，更別村ではてん菜，澱原用馬鈴しょという根菜類中心の土地利用体系が確立していった．これが1970年代後半のことである．

こうした農業を支えるために農協は様々な施策をおこなったが，澱原用馬鈴しょについてみれば，農協による加工場の整備がある．戦後の1949年には上更別地区に農協直営のでん粉工場を設置し，52年更別地区，54年勢雄地区，57年更南地区と順次村内各地に直営工場を建設していった．しかし1農協で投資を行い工場を運営することにはリスクがともなう．この当時，食用馬鈴しょの価格が急落したためにでん粉工場に馬鈴しょが殺到したが，販売できずに当時の金額で1,800万円近い赤字を出すという事態も発生している[5]．そこで，61年には村内の生産増加と製品歩留まり向上も同時に果たすために，農協直営工場をすべて閉鎖してホクレン芽室合理化でん粉工場を利用するようになる．その後68年には南十勝6農協が協同で南十勝合理化でん粉工場を建設した[6]．

また，種馬鈴しょの生産体制の構築も重要な課題であった．当時は種馬鈴しょの自己採種も多くみられ，それが疫病の発生につながり品質の低下をもたらすこともしばしばであった．また，春先に農家が各自で種を調達して播種するという体制では，農協の販売計画，でん粉工場の計画的な運営にも大

きな支障を来していたのである.

そこで更別村では計画的な馬鈴しょ生産を実現するために,1973年に種馬鈴しょ集中管理および100%種子更新による増産運動展開のために,「更別村馬鈴しょ増産対策委員会」を発足させた.ホクレンが食品業界の求めに応じる形で馬鈴しょの種子更新や畦幅の拡大といった生産改善運動である「いも作り75(ナナゴウ)運動」を開始したのが81年であるから,それよりも早い時期に馬鈴しょの品質向上に向けた取り組みを開始したのである.

この取り組みは,73年から77年にかけて蔓延した馬鈴しょのハマキウイルスが契機となった.これにより優良種の生産,種子更新の重要性が認識されたのである.取り組み内容は,農協が農家に委託生産している採種圃を十勝農協連と連携しながら村内4地区に団地化したことである.さらに種馬鈴しょ生産農家に対して価格保証を行った.種馬鈴しょは反収の上限が設定され,農薬散布の回数も厳密に設定されるために,そのままでは所得減少となる.そこで価格保証制度を設立した.村と農協が助成を行い,さらに澱原用馬鈴しょの販売金額から一定額を積み立てて基金を設立し,その運用益から価格保証を行ったのである.また,ウイルスを媒介するアブラムシ防除を徹底するために,農薬代金の半額助成を行い種いも団地へ配布した.こうした種の管理体制の整備によって優良種子の生産が行われるようになった[7].

2. 農協による生食,加工用馬鈴しょ振興策の展開

こうした更別村の農業構造は,80年代中頃までは有利に作用した.化学肥料によって根重を増加させて収量を上げるというてん菜の栽培法は,質よりも量を基準とする価格体系にあって高い収益性を確保した.また,作業能率の高い澱原用馬鈴しょの栽培は,大規模畑作経営にマッチしたものであった.更別村の大規模畑作経営は,従来は経済的に優勢にあった中央部の中規模畑作経営と比較して,1戸あたりの生産農業所得で上回るような状況となったのである.

しかし，80年代後半に入り畑作物をめぐる経済環境が大きく変化した．86年にはてん菜が糖分取引へと移行した．また，澱原用馬鈴しょについても，でん粉市場の逼迫によって，生食，加工用への転換の必要が迫ってきた．

十勝の周辺部に位置する町村は，大規模経営であるため労働生産性の高い澱原用馬鈴しょ中心の作付となっており，70年代後半からのでん粉市場の悪化に伴う生食用や加工用への作付転換という対応も，中央部に比較して遅れたといわれている．

更別村農協は澱原用馬鈴しょ主体の作付から転換するために，農協が主導的な役割を果たしながら営農指導や施設整備をはかってきた．それは同様の農業構造をもつ他の周辺部に比較してはもとより，中央部を含めても先駆的な取り組みであった（表4-1）．更別村の生食用馬鈴しょの取り組みを，メークインの先駆的産地である帯広大正農協等と比較しながらみてみよう．

帯広大正農協のメークインの産地形成は，1959年に帯広市の誘いによって北海道物産展へ出展するため本州各地に出荷したことに始まる．その後関西圏を中心として販路を拡大していくが，農協におけるメークインの本格的な展開は68年からの施設整備による．地域特産農業推進事業により集出荷貯蔵施設を建設して通年供給体制の条件を整備し，さらに71年に第2次農業構造改善事業によって貯蔵施設を拡充するとともに，各種事業により収穫機械を導入した．また，生産者組織としては73年に各農事組合に食用馬鈴しょ協力員を組織し，翌74年には食用メークイン生産者会議が開催されている．

このような展開と比較しても更別村農協の取り組みは先駆的であった．68年の10月に帯広大正農協と同様に地域特産農業推進事業によって馬鈴しょの選別機を導入し，翌年の69年には同事業によって食用馬鈴しょ集出荷貯蔵施設を建設している．そして70年の11月には食用馬鈴しょ貯蔵庫まで鉄道の支線を敷設して，12月から灘神戸生協との産直を開始している．この当時の食用馬鈴しょの作付面積はまだ100haにも満たないものであったが，近隣の農協から購入しながらも産直という販路を確保してきたのである．こ

表 4-1 更別村農協における馬鈴しょ関係の展開史

	更別村農協	備	考
		(帯広大正農協・食用馬鈴しょ関連)	(帯広川西農協・加工用馬鈴しょ関連)
		(1959年に道外物産展への出荷)	
1967		食用馬鈴しょ長期生産計画樹立	
1968	南十勝合理化でん粉工場(中札内)操業 馬鈴しょ選別機導入	食用馬鈴しょ集荷貯蔵施設建設	食用馬鈴しょ集荷選別貯蔵施設建設
1969	食用馬鈴しょ集出荷貯蔵施設		
1970	灘神戸生協と食用馬鈴しょの産直を開始	収穫機械2台導入，道外市場調査	
1971		食用貯蔵施設増設	
1972	ニチロと更別村農協の協同出資により共同会社(株)更別食品設立(資本金5,000万円) メークイン生産組合成立	第1回メークイン収穫祭り開催	
1973	澱粉原料馬鈴薯生産組合設立 更別村馬鈴薯増産対策委員会発足	各農事組合に食用馬鈴しょ協力員を組織	
1974	種子馬鈴薯生産組合，加工用原料馬鈴薯生産組合設立	食用メークイン生産者会議	
1975		(以下略)	
1976	種子馬鈴薯生産管理優良組合で表彰される．		
1977			
1978	カルビー貯蔵庫建設で取引を開始． 農事組合の再編を開始．		
1979	食用馬鈴しょ空調設備設置		加工用馬鈴しょ集荷貯蔵施設建設
1980	各生産部会等の組織再編．馬鈴しょは4生産組合が統合して馬鈴薯部会になる．		
1981	農事組合再編完了． 種子馬鈴しょ貯蔵庫新設．(81，82)		加工馬鈴しょ生産組合が一本化してホクレン経由でのメーカーへの一括販売体制へ
1982			岐阜県各務原市に加工馬鈴しょ集荷貯蔵施設
1983			
1984	馬鈴薯部会は種子，澱原用，食用，加工用の4部会へ再編．		
1985			
1986			

(つづき)

	更別村農協	備考	
1987	種子馬鈴しょを生産調整のため澱源に用途変更する.		
1988			
1989			
1990			
1991	食用馬鈴しょ施設増設.		
1992	食用馬鈴しょ施設増設		
1993		コンテナ貯蔵庫建設	
1994			
1995			
1996	食用馬鈴しょサンプル分析機取得.		
1997		コンテナ貯蔵庫建設. カルビーポテト帯広工場操業	
1998			
1999			
2000			

資料) 更別村農協50周年記念誌および聞き取り調査より作成.
注 1) 帯広大正農協に関する記述は,『大正農協三十年史』による.
　 2) 帯広川西農協に関する記述は,『帯広川西農協50年史―開拓100年―』による.

の産直は現在に至るまで継続されており，消費者による産地視察，研修なども積極的におこなわれている．そして72年にはメークイン生産組合が設立され，食用の品種を男爵からメークインへと転換している[8]．このように生食用馬鈴しょの作付がまだ少なく，近隣の農協でもあまり取り組まれていない時期からすでに農協主導によって振興がはかられてきたのである．

一方，加工用馬鈴しょの取り組みは，カルビーが北海道に原料集荷拠点を設置する3年前の72年に，農協が更別食品を誘致したことに始まる．日魯漁業（現ニチロ）が根室市の日本合同缶詰(株)よりアスパラガス缶詰及びスイートコーン缶詰を製造していた更別缶詰工場（敷地面積39,786m^2，約12,056坪）を買収し，資本金5,000万円（実質的には全額日魯出資）をもって更別食品(株)を設立した．これにフレンチフライポテトなどの冷凍食品工場を併設して更別村で操業を開始した[9]．当初2〜3年間はユキジロという

品種を出荷していたが、その後生食用と併用していた農林1号をフレンチフライ用原料として更別食品へ販売することになった。加工用馬鈴しょの販路開拓も先進的だったのである[10]。

このように農協による産地形成の取り組みによって、澱原用馬鈴しょから多用途化の道を進んできたのである。馬鈴しょの用途別作付動向を見ると、図4-2, 4-3のように、80年代後半までは澱原用に加えて生食用、加工用も増加した。全体としては80年代後半に作付面積が停滞したが、その後はほぼ横ばいとなっている。80年代後半から澱原用が減少したが、その後再び増加している。図4-4によって品種別にみると生食用、加工用はそれぞれ26%程度と多いが、澱原用が46%を占めており澱原用を中心とした多用途馬鈴しょ産地ということができる[11]。用途別品種の特徴としては、加工用品種がカルビーポテトを中心としたトヨシロと更別食品を中心としたホッカイコガネの2品種に偏っているという点である。

このように更別村の畑作農業は生食用、加工用馬鈴しょを取り入れながら、'80年代後半からの転換期を経て、さらなる大規模経営を形成してきた。ま

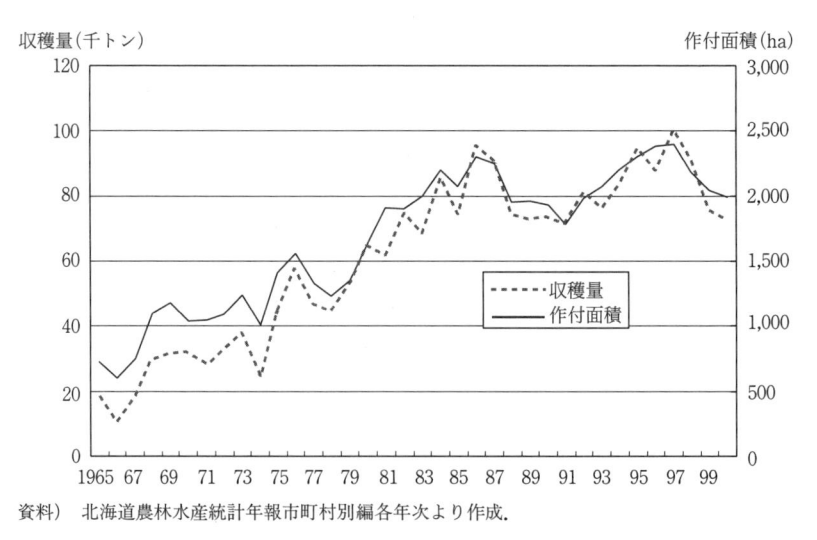

資料）北海道農林水産統計年報市町村別編各年次より作成．

図 4-2　更別村における馬鈴しょ生産の推移

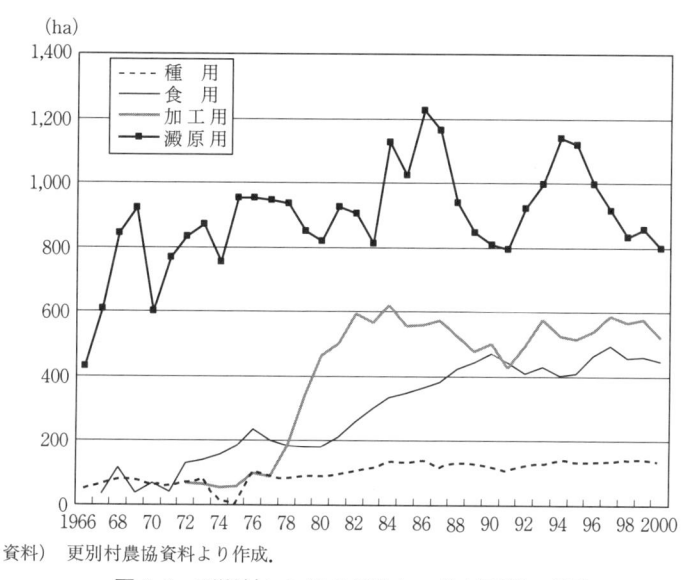

第4章　畑作限界地における地域農業振興と多元販売　　135

資料）更別村農協資料より作成．

図 4-3　更別村における馬鈴しょ作付面積の推移

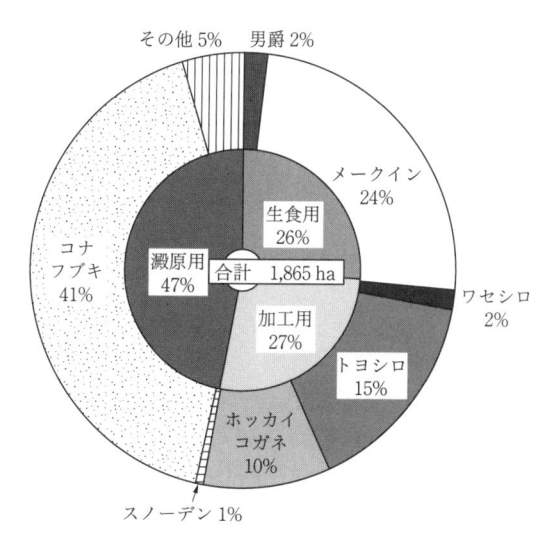

資料）北海道十勝支庁農務課農産係資料より作成．
注）2002年の数値である．

図 4-4　更別村における馬鈴しょの品種別作付面積

表 4-2　更別村における規模階層別作付面積

		農家戸数	合計	豆　類				秋小麦	てん菜	馬　鈴　し　ょ				
				小計	小豆	菜豆	その他			小計	種子	食用	加工	澱原
50〜60 ha	1980	1	100.0	0.4	0.0	0.0	0.4	34.2	15.2	46.7	—	—	—	—
	85	1	100.0	4.6	4.6	0.0	0.0	21.7	12.0	57.0	0.0	5.7	11.0	40.2
	90	7	100.0	11.4	2.6	8.8	0.0	32.2	17.6	29.9	0.0	8.3	9.0	9.3
	95	11	100.0	20.0	7.4	12.5	0.0	26.3	18.7	28.4	1.4	5.9	8.9	12.2
	2000	21	100.0	22.6	8.2	13.6	0.9	26.9	20.4	24.1	1.3	5.7	8.7	8.3
40〜50 ha	1980	5	100.0	27.5	2.6	14.5	10.4	22.7	17.9	20.0	—	—	—	—
	85	15	100.0	18.4	4.3	10.0	4.0	23.4	19.4	31.4	0.0	7.6	7.5	16.3
	90	25	100.0	17.9	4.0	13.1	0.8	26.0	19.1	27.7	0.5	7.8	9.1	10.4
	95	42	100.0	20.7	6.6	13.8	0.3	24.8	19.6	28.1	1.1	5.0	9.1	12.9
	2000	54	100.0	22.2	8.5	13.3	0.4	26.8	21.0	25.4	1.1	6.9	8.7	8.7
30〜40 ha	1980	19	100.0	24.2	3.2	13.3	7.7	12.7	20.7	33.1	—	—	—	—
	85	56	100.0	25.0	4.7	14.7	5.7	18.8	19.2	31.1	1.1	4.5	10.0	15.6
	90	68	100.0	23.0	5.5	16.4	1.0	25.5	18.6	26.4	1.7	5.9	8.7	10.2
	95	50	100.0	23.8	7.5	15.7	0.6	25.5	20.4	26.0	2.5	5.3	6.6	11.5
	2000	40	100.0	22.6	7.8	14.1	0.7	27.7	21.6	23.0	4.0	6.0	4.8	8.2
20〜30 ha	1980	90	100.0	30.0	3.8	18.0	8.2	13.6	20.5	29.4	—	—	—	—
	85	82	100.0	27.7	4.4	17.6	5.7	15.7	21.1	29.6	3.3	4.9	8.2	13.1
	90	51	100.0	25.3	5.8	18.1	1.4	22.6	21.1	25.2	4.4	6.2	4.7	9.8
	95	40	100.0	24.9	7.3	17.3	0.2	22.2	19.6	26.9	2.6	5.7	3.6	15.0
	2000	24	100.0	19.9	6.3	12.7	0.9	29.3	20.3	24.8	3.6	4.6	3.1	13.4

資料）　更別村農協資料より作成．
注 1)　飼料作付面積のない農家のみ集計．
　 2)　複数戸法人を含まない．
　 3)　20ha 未満および 60ha 以上は省略した．
　 4)　豆類のその他は大豆，豌豆である．
　 5)　SC はスイートコーンの略である．
　 6)　その他は緑肥と休閑地である．

た，農協は土作りにも力を入れてきた．堆肥購入代金への助成や，大規模堆肥製造施設を設置するなど，土作りへの支援を行い，畑作物の品質向上に取り組んできたのである[12]．

　この間の畑作経営における変化の特徴としてあげられるものに，規模間の作付構成の格差が消失したという点があげられる．表 4-2 によって規模別の作付構成の推移をみると，80 年時点における規模階層間の作付構成は，大

第4章 畑作限界地における地域農業振興と多元販売

(単位：戸, %)

SC	野菜	その他
0.0	3.5	0.0
0.0	3.4	1.3
2.7	2.5	3.7
4.2	8.8	0.1
2.7	2.9	3.2
0.0	1.9	9.7
1.4	0.4	5.5
6.2	1.2	1.9
4.3	5.7	1.9
1.9	3.4	1.9
1.9	0.1	6.7
2.9	0.4	2.5
4.2	0.8	1.5
2.6	3.6	1.3
1.9	3.9	1.5
1.2	0.2	4.4
3.3	0.3	1.9
3.5	0.3	2.0
3.1	5.0	2.4
2.6	5.6	1.6

規模層ほど小麦比率が高く，小規模層ほど豆類比率が高いという明確な違いがみられた．しかし，そうした相違は現在ではみられなくなっている．また，十勝の中央部では大規模経営において省力化対応として小麦の作付割合が増加する傾向が見られるが，更別村ではそれは見られない．てん菜の自動移植機や豆類のピックアップスレッシャーなどの導入が進み，40haを超える経営においても作付構成を変化させることなく各作物を拡大できるような作業体系が整備されたためである[13]．

このように現在では，小麦，豆類，馬鈴しょ，てん菜を主体とした大規模畑作経営が分厚く存在している．

3. 生産組合から生産部会へ：農協主導性の発揮

更別村の加工用馬鈴しょに関する生産者組織は，更別食品が操業した2年後の74年に設立された「加工用原料馬鈴薯生産組合」が最初である．加工馬鈴薯生産組合は，更別食品のみに出荷する専属出荷組合といった性格のものではなく，加工用馬鈴しょの作付をする農家が自主的に組織したものであった．そのころ，カルビーも北海道においてポテトチップ用原料の調達を開始し，74年には道内で最初の馬鈴しょ貯蔵庫を建設した．加工用馬鈴しょの需要がまさに拡大しようとしていた時期である．そうした情勢を受けて，生産組合員の一部がカルビーへ出荷するようになっていった．そして78年にカルビーの貯蔵庫が更別東地区に建設されて，本格的な取引が開始されたのである．

その後カルビーポテトに出荷する農家は徐々に増加を見せるが，澱原用品種主流の地帯であったために，澱原用からカルビーポテトの求める品質への転換は容易ではなく，カルビーポテト向けへの出荷はそれほど急激には増加しなかった．しかしでん粉需要の減少の中で加工用馬鈴しょの生産熱は高ま

っていった．そこで農協はカルビーポテト以外への販路開拓の必要が生じ，すでに誘致していた更別食品をはじめとした，多元販売の実現に取り組んだのである．

農協は多元販売を実現する過程で，生産組合という自主的な組織を生産部会という農協組織へと再編した．これは農事実行組合の再編と同時に進められていった．

70年代後半にかけて，畑作酪農混合経営から畑作専業経営，酪農専業経営への転換という経営形態の分化がすすんだ．そのため，農協にとって農事実行組合を通じて集落丸抱えで農家を組織するという従来の組織化では，組合員間の連絡調整に支障を来すような事態となった．また，前述したようにこの間に大量の離農が発生し組合員が減少したために，農事実行組合の運営が困難となっていた．そこで，更別村では農事実行組合の合併と品目別生産部会による農家の組織化という，集落の再編をおこなったのである[14]．この再編の過程で，農家の自主的組織として成立した生産組合も，農協の組織である生産部会へと再編された．

再編の背景には生産組合の独自性の強化があげられる．農協組織において農家の代表者は理事であるが，自主的組織である生産組合の力が加工用馬鈴しょの取扱が増加するにつれて強くなったために，農協理事会の位置づけが低下してきた．馬鈴しょに関する知識の専門化，高度化，加工用馬鈴しょの市場拡大に伴う加工資本との関係が緊密になってくるに従って，生産組合の主体性，独自性が強まったのである．更別村の更別東地区にはカルビーポテトの貯蔵庫が建設されているが，その建設時に主体的役割を果たしたのは生産組合の組合長であった．生産組合の独自性が強まるもとで，農協理事会の意志が加工用馬鈴しょに関しては農協事業に反映されないという事態も生じてきたのである．その結果，組合員の代表としての理事の立場が低下することも懸念されるなど，農協の組織運営問題が発生していた．更別食品との関係では，価格交渉を生産組合が独自で行っていたことも，生産組合の独自性を強める要因であったと指摘されている[15]．

一方農協としては，前述したような農家の多元販売への要望を実現するためには，主導性を発揮して地域全体として加工用馬鈴しょへ取り組むことが必要となった．そこで生産者との協議をおこない，結果として生産組合は生産部会へと再編されたのである．

部会制に伴って変化した点は，農協の組織として位置づけられたことである．部会の会議は部会長と組合長が協議して部会長が招集し，その議長となることが生産部会規定に定められている．さらに経費及び手当に関しては，「（農協の）予算の範囲内で支出することが出来」，部会役員には理事会の承認を得て職務に対する手当を支給することが出来ると定められている．このように部会制に移行したことで農協の組織内に組み込まれることになったのである．

では，なぜこうした再編が可能であったのか．その背景には，農協のそれまでの地域農業に対する主導性があげられよう．すでにみたような，更別食品の誘致や食用馬鈴しょ販売への積極的な取り組み，種馬鈴しょの管理体制の整備など，これまで農協がおこなってきた様々な地域農業システム化の取り組みの歴史が，こうした再編を可能としたのである．

4. 加工用馬鈴しょにおける多元販売

図4-5は更別村農協における原料供給体制を整理したものである．ここからわかるように，更別村の原料供給体制は農協共販による多元販売と，カルビーポテト向け出荷を中心とした受託販売との2本立てになっている．

馬鈴しょ作付農家は自らの判断でカルビーポテト，更別食品，農協共販という出荷先を決定して販売をおこなう．カルビーポテトと更別食品への販売に関しては農協は受託販売であり，一定の受託手数料を取得する．農協共販はホクレンや系統外の業者へ販売をおこなっている．

カルビーポテトに出荷する農家は固定的である．カルビーポテトに出荷する農家は収穫後に直接更別東地区にあるカルビーポテトの倉庫へ，それ以外

の農家は農協の貯蔵施設へ運搬する．カルビーポテトへのみ出荷している農家からも農協倉庫利用料を徴収している．これは農協として組合員すべてに多様な販路を確保しておくためである．すでに述べたような農協の馬鈴しょ販売における主導性の結果として，カルビーポテトも1つの出荷先として位置づけられ，芽室町のようにカルビーポテトの専属出荷組合的な展開をたどらずに，共販をベースとした多元販売による原料供給体制を構築しているのである．

そうした体制は更別村の「限界地」という原料産地としての位置づけに規定されたものである．更別村は芽室町のような品質，量の面からみた大産地

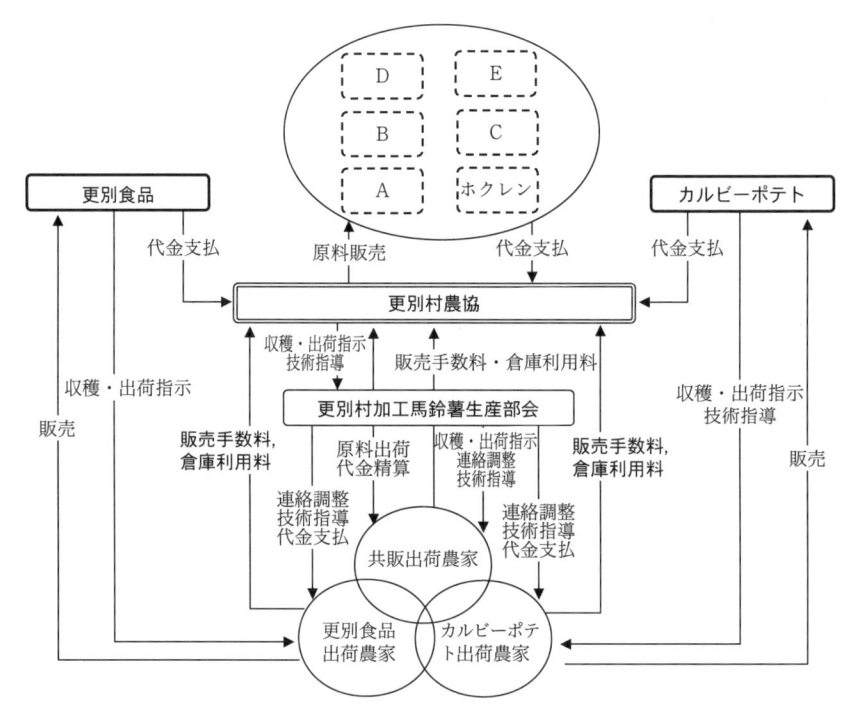

注 1) 太線の囲みは加工資本を，二重線の囲みは農協を，実線の囲みは農家と農家組織を，破線の囲みは販売先をそれぞれ表している．
 2) 矢印は両者の関係(関与のしかた)を表している．

図4-5　更別村における現段階の加工用馬鈴しょ流通実態と各組織の機能

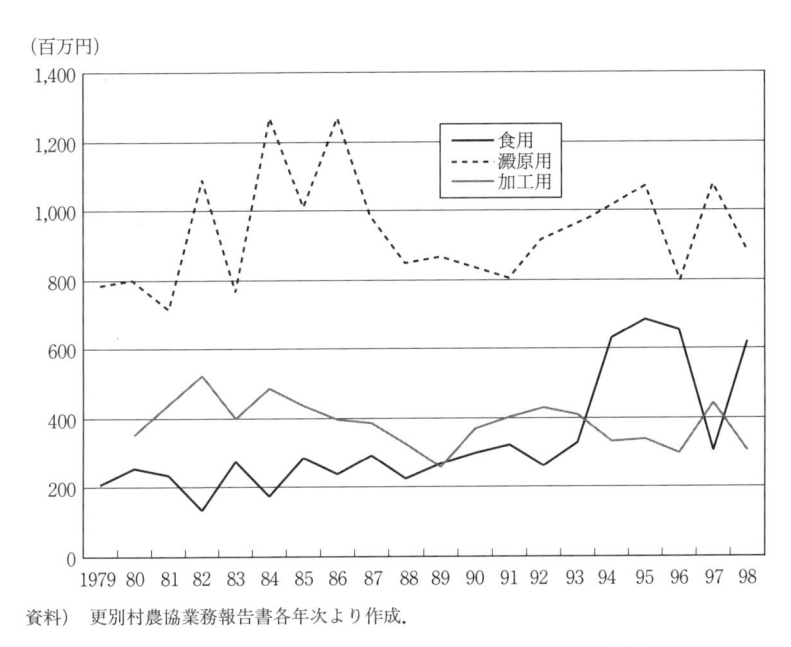

第4章　畑作限界地における地域農業振興と多元販売

資料）更別村農協業務報告書各年次より作成．

図4-6　更別村農協における用途別馬鈴しょ販売高

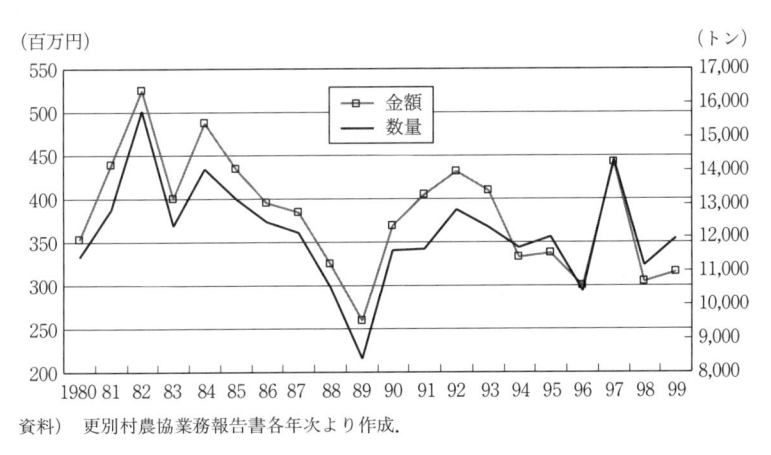

資料）更別村農協業務報告書各年次より作成．

図4-7　更別村農協における加工用馬鈴しょ販売実績

ではないため，産地としての立場は弱い．そのためカルビーポテトの取引条件の強化や受入制限などによる影響がより深刻であった．出来秋になってから売買契約を解除されるという事態もたびたび発生したのである．生食用，加工用馬鈴しょの産地としては不利な地域において，農協は組合員の技術水準や作付意向の違いに対応できる原料供給体制を構築するために，販路を多元化することで対応してきたのである．

馬鈴しょの販売事業全体の推移について図4-6をみると，用途別には生食用がやや増加傾向にあるが，澱原用，加工用はともに減少もしくは停滞傾向にある．加工用は図4-7のように販売額全体の推移を見ると80年代初頭を

表4-3 更別村農協における加工用馬鈴しょの出荷先別取扱

		計		受託品				共計品			
				カルビーポテト		更別食品		ホクレン		その他	
金額（百万円）	2000	344.7	100.0	176.9	51.3	64.8	18.8	60.8	17.6	42.2	12.2
	1999	307.0	100.0	172.8	56.3	50.9	16.6	24.6	8.0	58.8	19.1
	1998	296.2	100.0	151.1	51.0	77.8	26.3	28.2	9.5	39.0	13.2
	1997	401.9	100.0	237.7	59.1	83.8	20.9	49.6	12.3	30.8	7.7
	1996	290.6	100.0	168.9	58.1	63.0	21.7	37.8	13.0	20.9	7.2
	1995	347.3	100.0	170.6	49.1	72.1	20.8	83.9	24.1	20.7	6.0
	1994	323.0	100.0	163.9	50.7	68.8	21.3	50.4	15.6	39.9	12.4
数量（トン）	2000	10,519	100.0	5,651	53.7	2,132	20.3	1,732	16.5	1,004	9.5
	1999	11,958	100.0	6,776	56.7	1,784	14.9	1,113	9.3	2,284	19.1
	1998	11,184	100.0	5,959	53.3	2,677	23.9	1,086	9.7	1,463	13.1
	1997	14,421	100.0	8,447	58.6	2,875	19.9	1,766	12.2	1,332	9.2
	1996	10,393	100.0	6,072	58.4	2,185	21.0	1,328	12.8	808	7.8
	1995	12,659	100.0	6,222	49.1	2,369	18.7	3,203	25.3	865	6.8
	1994	11,344	100.0	5,665	49.9	2,187	19.3	1,818	16.0	1,674	14.8
単価（円/kg）	2000	32.8		31.3		30.4		35.1		42.1	
	1999	25.7		25.5		28.5		22.1		25.7	
	1998	26.5		25.4		29.1		26.0		26.7	
	1997	27.9		28.1		29.2		28.1		23.1	
	1996	28.0		27.8		28.8		28.4		25.9	
	1995	27.4		27.4		30.4		26.2		23.9	
	1994	28.5		28.9		31.5		27.7		23.9	

資料) 更別村農協資料より作成．
注) 太字の数値は計に対する割合である．

ピークとして減少している．80年代後半から，輸入圧力による価格低下の影響を受けたのである．取扱高は84年から89年にかけて落ち込みを見せている．この時期にカルビーポテト向け生産者の選別が進み，多くの農家がカルビーポテト向け出荷から転換していった．90年代に入ってやや回復を見せるが，現在に至るまでほぼ3億円台で停滞もしくは減少傾向にある．

表4-3は過去7年間の販売先別の加工用馬鈴しょの販売実績をみたものである．販売先構成は，カルビーポテト向け販売が数量，金額ともに全体の5割をしめており，次いで更別食品が2割となっており受託品で全体の約7割を占めている．共計品は年によって取扱に変動がみられる．

5. 畑作「限界地」における原料供給システム

以上みてきたように，更別村では農協主導により早い時期に澱原用の構造から，生食用，加工用の導入による馬鈴しょの多角化に取り組んできた．その取り組みは，生食用，加工用ともに，十勝の中でも先駆的な取り組みであった．カルビーポテトとの取引の端緒は個別の農家が自主的に組織した生産組合主導によるものであった．前章の芽室町はその後も生産組合主導で展開したが，更別村では農協がそれまでの様々な地域農業振興策を実施する過程で培ってきた主導性を発揮することで，生産組合を生産部会として組織替えするという一大再編が可能であった．その結果，カルビーポテトも一販路としての位置づけとなり，地域として多元販売を実現することができたのである．

一方でそれは，カルビーポテトにとっての主産地である中央部に対して副次的に位置づけられたという地域的条件から規定されたという側面もある．農協としてはカルビーポテトの進出時にその出荷量を高めたいという意向をもったが，それが果たせなかった．しかし，前章でみたように生産組合として展開してきた芽室町が現在多元化を模索していることと比較して，更別村の取り組みは意義をもってきたともいえよう．

70年代後半のカルビーポテトの事業が拡大する時期では，地域農業全体の視点から見ると，中央部に比較してカルビーポテトへの出荷枠が制限されるという不利な側面をもっていた．しかし，80年代中頃からカルビーポテトによる出荷制限，農家の選別がおこなわれるという停滞期においては，農協が多元販売を実現していたことで加工用馬鈴しょ生産農家の販路を確保できた．

　自然的条件に規定され加工資本との結びつきは優等地に比較して希薄であり，契約解除など生産農家の選別，切り捨てが進んだが，農協が多元販売を実現していたことで農家の収益確保を可能とした．このように原料供給体制は，資本からの規定によって一義的に決定されるものではなく，その形成要因には農協による地域農業振興などの歴史的，地域的条件も大きく影響するのである．

　更別村の畑作農業は，湿地，低い土地生産性，低温，冷湿害が頻発するという畑作地帯としては限界地に位置していた．しかし，60年代から70年代にかけてそれを克服するような技術的，経済的条件が整備されることで，そうした限界を克服してきた．

　基本的には70年代に形成された農業構造が現在にまで維持されている．現在では，作付構成からみて同質的な農業経営が広く展開している．しかし今後畑作農業をめぐる政策や市場環境は大きく変わろうとしている．再び迫っているこうした与件の変化に対して，現在の農業経営が安定的であるほど，次への転換は容易ではない．

　農業生産を取り巻く外部環境には自然的，社会的，経済的条件がある．自然的条件を克服するための生産力が規定され，その生産力を支持するような社会的経済的条件が整備されれば，更別村のように「限界地」が「優等地」になる可能性がある．そして社会的経済的条件が再び変化すれば限界地のもつ不利性が再び顔をのぞかせる．このように，地域農業を基盤とした農業構造の変動に対する取り組みは，外部環境の時代性や地域農業の自然的，社会的条件によって，その評価が相対化されるというものだと考えられるのであ

第4章 畑作限界地における地域農業振興と多元販売   145

る．

注
1) 2000年時点の更別村おける畑作農家と酪農家の割合をみると，畑作専業農家が158戸，酪農専業農家が58戸，畑酪混同農家が52戸となっている．
2) なお，農業手形制度とは，農業者の米麦供出代金を第1次担保とし，冷災害による農業共済金を第2次担保として，農家が生産に必要な資材を掛け買いした場合に，その債務を基礎に農協あるいは小売商が農業手形を振り出せば，それに対して最終的には日銀が担保適格手形としての優遇をあたえるというものである．制度の変遷については，北海道農協50年史編纂委員会［1998］の159-161頁を参照のこと．
3) 離農の激化は，当時社会問題としても注目を集めた．離農者のその後を追跡し，基本法農政の目指した「近代化」のもう1つの姿を明らかにしたものに天間［1980］がある．
4) 長尾［1991b］によると，湿害に弱い順に作物を並べると次のようになる．馬鈴しょ→てん菜→菜豆→小豆→とうもろこし・小麦・大豆→牧草．
5) 梶浦福督氏70年の歩み刊行委員会［1986］329頁を参照のこと．
6) 参加農協は帯広大正，中札内，更別，忠類，大樹，広尾の6農協であり，でん粉工場以外にも豆集出荷施設（更別），家畜市場（大樹）を共同で利用している．
7) こうした一連の取り組みによって1976年に更別村農協は北海道でん粉工業会から種馬鈴しょ生産管理優良農協として表彰されている．
8) それまでは男爵中心の作付であったが地域の自然条件に合わないということから，メークインの作付へ転換した．
9) 『日魯漁業経営史（現ニチロ）』第2巻，611頁より引用．
10) 更別村農協は雑穀の統制が撤廃された1951年の翌年に，いち早く豆類の有利販売をおこなうために東京に農協直売所を設置して販売体制の確立に取り組んだ．直売所は53年の冷害凶作や価格暴落によって農協が資金難となり54年1月に閉鎖されたが，更別農協の先取の気質を示している出来事といえよう．
11) 更別村では地域の大部分が湿性火山灰土であることから，澱原用の作付が中心であるが，一部地域では乾性火山灰土であるため早くから生食用馬鈴しょの作付が行われてきた．このような土壌条件の差異は，長年にわたり行われてきた土地改良の効果によって縮小しつつあるが，いまだに村内の作付には地域性がみられる．
12) 更別村における堆肥製造事業については小林国之［2002］を参照のこと．
13) 十勝の畑作経営における規模拡大と機械投資との関係について分析したものに平石［2002；2003；2005］がある．

14) 更別村における農事組合および生産者組織の再編に関しては柳村［1992］を参照のこと．
15) 同上書，233頁を参照のこと．

第5章　農協馬鈴しょ加工事業の成立条件と意義

　生産者である農民が農協を組織して加工事業をおこない，そこで生ずる付加価値を自らの手に獲得することは，農民にとって非常に大きな意義がある．その必要性は農産物価格が全般的に低落している現在においてますます高まっている．しかし必要性は古くから認識されながらも，実際に事業を行うことは困難である．

　その困難の背景には，農協が組合員という限定された存立基盤の上に立つという組織体としての特徴を有している一方で，事業体としての収益性を追求することの間に生じる矛盾がある．農協と組合員との間に乖離が生じて，事業体としての側面が一面的に強化されていく可能性があるからである．

　しかしすでに第3章，第4章でみてきたようにそれぞれ生産過程，流通過程における農民の対応は，それぞれに課題を抱えておりあらたな対応が迫られていることも事実であり，現段階においてもう一度農協加工事業を取り上げて分析することは有意義であると考えられる．

　そこで本章では，加工事業の長い歴史を持ち十勝農業において先駆的な役割を果たしてきた士幌町農協を対象として，農協加工事業の成立条件を明らかにする．加工事業の歴史過程を整理した上で，組合員に限定された組織基盤とどのように向き合い，どのように一般加工資本との競争関係のなかで事業を展開してきたのか，を明らかにする．

1. 士幌町農業の概要

　北海道十勝地方の中心地である帯広市から十勝川にかかる大きな吊り橋を越えて国道241号線を北上すると，音更町木野市街の町並みがひろがる．木野市街は帯広市を中心とした市街地の北端をなし，宅地化の進んでいる地域であるが，そこを過ぎると農村風景が広がる．5haに区切られた圃場には，春先であれば播種作業のため行き来するトラクター，7月の下旬であれば夜を徹して雨と戦いながら進められる小麦収穫の大型コンバイン，秋には集荷の順番待ちをしているてん菜の山と，今は少なくなったが豆類を乾燥させるニオ積みが圃場にみられる．どれもが原料畑作物地帯十勝の典型的な風景である．

　その景色の中をさらに車で30〜40分ほど北上し士幌町内にはいると士幌町の発祥の地である中士幌の小さな市街地があり，農協の事業所，ガソリンスタンド，商店などが並んでいる．風景は帯広市街を抜けたときからあまり変わらないが，士幌町に入ったあたりから，牛舎が少しずつ見え始める．これは畑作地帯としての気候的条件が悪く，その対策として冷害に強い酪農を導入してきたという歴史的経過を物語っている．士幌町は畑作地域としては決して恵まれてはおらず，むしろ「寒村」と称された地域であった．

　中士幌の市街をすぎて暫くすると士幌町の市街に近づく．すると国道沿いに巨大な食用・加工用馬鈴しょの施設群が見えてくる．倉庫，集出荷施設，加工施設からなる「馬鈴しょコンビナート」である．それらを横目に通り過ぎ市街地にはいると農協事務所本所がある．そのすぐ東側には現在の施設群の先駆けとなり，建設当時「東洋一」を誇った1955年建設の合理化でん粉工場がある．現在はでん粉工場の再編に伴って新たな工場へと生まれ変わっている．

　こうした施設を運営しているのが，農民を豊かにするには農民自らが加工事業を行うことで付加価値を手に入れるべきである，という「農村工業」の

第5章 農協馬鈴しょ加工事業の成立条件と意義

理想を実現し，原料農産物地帯である十勝農業のその後の展開に大きな影響を与えた士幌町農協である．

士幌町は収穫面積14,213haを有する畑作酪農混合地帯である．作付面積をみると，飼料作物4,680ha，ついで馬鈴しょ2,560ha，麦類2,350ha，てん菜2,350haとなっている．2000年の総農家戸数は449戸，1戸あたりの経営面積は32.2haとなっており，十勝平均の28.5haよりも若干大きい．

士幌町農協は「農村工業」という一貫した事業展開の理念の下に，一連の加工施設を保有して事業を行っている．その規模をまず固定資産の額からみてみよう．一般的に十勝の農協は麦類，豆類の乾燥調製施設や馬鈴しょの集出荷施設などの施設を整備していることから固定資産の額が大きいという特徴がある．しかしその中においてもその額はずば抜けており，士幌町農協をのぞいた十勝の25農協平均の額は99年度で16億6,000万円であるのに対して，士幌町農協のそれは152億8,000万円と桁違いである．それら施設を馬鈴しょに関したものについてみると，貯蔵庫，選果施設，ポテトチップ工場，フレンチフライ工場，コロッケ工場，でん粉工場などまさに馬鈴しょ加工施設のすべてを網羅している．馬鈴しょを主体とした加工事業の売上高は98年度で約100億円である．それ以外にもミニトマトなど野菜，花卉の養液栽培施設，自家発電整備，スイートコーン工場などがある．

また畑作以外でも肉用牛は2万6,000頭で飼養頭数全国一である．農協が施設を取得し，それを組合員にリースする方式で運営されている肉牛肥育センターが町内18カ所にあり，肉牛センターには畑作農家に供給するため熟成たい肥施設がある．また，「農村工業」の理念の下に食肉処理施設も設置されており，「しほろ牛肉」はブランドとして商標登録されている．酪農に関しても，肉用牛と同様のリース農場が10戸，それに一般の酪農家もあわせると1万5,000頭が飼養されている．

農業生産面以外でも士幌町農協の数値は際だっている．99年度の農協貯金残高は659億8,600万円であり1農協の抱える額としては飛び抜けて大きい．北海道では大規模な広域合併農協であるいわみざわ農協やようてい農協

であってもそれぞれ432億円，415億円であり，1つの行政区域を範囲とする農協で，しかも純農村地域に位置する農協としてはその規模は全国的にも桁外れであるといえよう．ちなみに同じ年度の組合員数は正組合員が703人（ほか団体が25），准組合員が87人（ほか団体が3）の合計790人であり，1人あたり貯金残高は8,400万円となっている[1]．

2. 馬鈴しょ加工事業の展開過程

(1) 「農村工業」の夜明け（1950年代）

　士幌町の開拓は1898年に中士幌地区に入植した岐阜県の「美濃開墾合資会社」が嚆矢である．そこから音更川に沿って北の原野に向けて開拓が進められていった．士幌町では1909年における作付面積4,500haの61％にあたる2,736haを大豆がしめて，次いで小豆466ha，菜豆118haとなっており，農家経済の大部分を豆類に依存していた．しかし豆類生産はその時代の十勝の農業構造に適合していたという側面と同時に，冷害に弱く，豊凶の差が極端な価格変動に結びつくという側面ももっていたため，農家経済は著しく不安定な状況にさらされていたのである．こうした豆類主体の農業は，戦争下における統制経済の下で一時的に作付が減少したが基本的には変化することなく，1951年の雑穀統制の撤廃によって再び豆類が増加をみせて，第2次大戦後にも引き継がれることになるのである．

　一方，不安定な農業構造を改善しようと北海道による様々な開拓計画が実施され，「寒冷地農業の確立」が目指されていた．1927年の第2期拓殖計画から本格的に展開された畑作政策は，豆作専業経営から酪農の導入による複合化の推進，根菜類の導入による冷害に強い農業の確立をめざした．根菜類としてのてん菜の作付増加は戦後に待たなければならないが，澱原用馬鈴しょは戦前から作付が増加した．1932年には60haを超えるに過ぎなかったが1938年には655haと急増し，戦後の1946年には1,000haを上回るまでになった．作付の増加に対応して，村内にはでん粉工場が次々と新設され，1948

年までに村内には個人，共同企業をあわせて12工場が操業するという状況であった．

　当時のでん粉工場は施設も粗雑で製造技術も劣っていたことからでん粉の歩留まりも悪かった．統制下にあった原料馬鈴しょは政府が買い上げ，でん粉業者はその払い下げを受けて，でん粉で納入するという方式がとられ，でん粉工場の経営はかなり有利なものであった．また，原料受入の際に，製品歩留まりを低く設定することで農民から原料を買いたくなどの行為もみられた．そうしたもとで「豆成金」とともに「でん粉成金」も出現したのである．

　農民はこうした事態にただ堪え忍ぶしかなかったが，状況を打開しようと事業を展開してきたのが士幌農業会（士幌町農協の前身）であった．

　農業会は1946年，中音更にあった杉原でん粉工場の買収を理事会で決定し，自己資金45万円でこれをおこなった．この買収は農業会の主導の下に行われたため，買収が農家に知れ渡るにつれて反対意見が村内にわき起こった．農業会職員に工場運営ができるのか，という不安の声とともに，なかには村内のでん粉業者の反対運動が農民を通して代弁された．同年7月7日に総代会が招集され，買収慎重派と反対派が大勢を占める中，議論が開始された．必要論に耳を傾けるものはほとんどいなかった．しかし「一度買い受けたものを全然運営することなしに売却することには考慮を要する」という一総代の発言をきっかけに議論の雰囲気は変わり，「運営面で心配があるならば総代の中から運営委員を選出してはどうか」という，専務理事の発言が必要論の後押しをすることとなり，長い協議の末ついに工場運営が認められたのである．

　実際の工場運営は，担当理事，および職員の必死の努力によって初年度から大きな剰余金を上げることとなり，それと同時に今までの一般業者の馬鈴しょ買上げ価格がいかに不当に低かったか，ということが明らかになったのである．でん粉工場の成功は農家の信頼を獲得することとなり，その後村内の工場は廃業や農業会が買収することとなり，農民でん粉加工事業は大きく

成長したのである．

こうした農村工業の道をめざして工場買収の主導的役割を果たし，工場買収に関する理事会の時，必要論を大きく後押しする発言を行った専務理事がのちの士幌町農協組合長であり，その後の農協，ひいては日本の農協運動に大きな足跡を残した，太田寛一（当時専務）である．そして農民を豊かにするには農民による加工事業を行うべきであるという太田寛一の理念を実現し，買収のための資金調達から初めての工場主任として実際の運営に携わり，批判や不安が渦巻く当時の情勢を農業会への信頼へと変化させる実務面で大きな貢献をしたのが，太田寛一氏の後をうけて組合長となった安村志朗（当時主任）であった．

(2) 寒冷地農業の確立（1950年代後半〜1960年代後半）

十勝の豆作主体による農業構造の不安定性は，機械化が進展することによって冷害に強い馬鈴しょ，てん菜が豆類にとってかわり増加していくなかである程度は緩和されていくが，それは1960年代後半になってトラクター導入が本格化するまで待たざるを得なかった．

農協は馬鈴しょ面積の拡大とともにでん粉工場の増設を行ってきたが，1955年に合理化でん粉工場を1億300万円という巨額の資金をもって建設した．新設した工場の能力は1日に原料馬鈴しょ5,000俵を処理し，1,200〜1,300俵のでん粉を製造するというもので，従来の工場の5〜15倍の能力を持つものである．でん粉回収率の向上やコストの節減が達成されて，1俵あたりの粗収益は旧式工場に比較して5倍に達するものとされ，建設当時は「東洋一」と称された．

こうした巨大な施設を1農協が取得し，運営することは，世間に驚嘆を持って迎えられた．大規模なでん粉工場を抱えることになったため，その原料確保基盤をより強固にする必要がでてきた．そこで1960年には近隣の4農協が参加するようになり，でん粉工場はますます稼働率を高めてフル操業するに至ったのである．施設を複数農協で利用する際に「でん粉工場運営協議

会」が設置され，その会長には士幌町農協の組合長が就任することになった．

3. 馬鈴しょ加工システムの概要

(1) でん粉加工から食用加工への転換

　合理化でん粉工場の操業によって，低コストで高品質なでん粉を製造することが可能となったため，ますます澱原用馬鈴しょの作付は増大した．そして1965年には，それまで収穫後年内で処理していたが，作業が間に合わずに翌年の春にまででん粉工場を操業するという事態となった．その一方で，1960年代後半になるとでん粉の生産過剰傾向が見え始めた．

　そこで農協はでん粉工場の増設とともに，生食用およびでん粉以外の加工食品への取り組みを開始したのである．農協は補助事業によって農家の生産集団を対象に生食用馬鈴しょの収穫機械を導入した．1台毎に作付面積を割り当て生産を拡大するとともに，生食用馬鈴しょの貯蔵施設の整備もはかり，集出荷体制を整備していった．こうして徐々に生食，加工部門へと馬鈴しょのウエイトを移動させながら，馬鈴しょの作付を拡大していった（図5-1）．73年には5農協で組織されていた「でん粉工場運営協議会」を「馬鈴薯施設運営協議会」へ改称し，同じ年には農協出資の子会社で農協の委託により加工事業を行う「北海道フーズ」が設立されている[2]．

　その後も積極的に施設を取得して馬鈴しょコンビナートを作り上げていくのである．日本におけるフレンチフライの製造は66年に森下仁丹食品が京極町で開始したことに始まるが，士幌町では表5-1にみるように73年にフレンチフライ工場を建設して製造を開始した．そして同年にポテトチップ工場も建築している．これは，現在の最大手であるカルビーが製造を開始するよりも2年早い段階であり，ポテト系スナック菓子の創生期にあたる時期である．

　農協が加工事業をおこなう際の弱点として，集荷範囲が地域的に限定されているため原料供給の季節性があげられるが，士幌町農協は高い貯蔵技術を

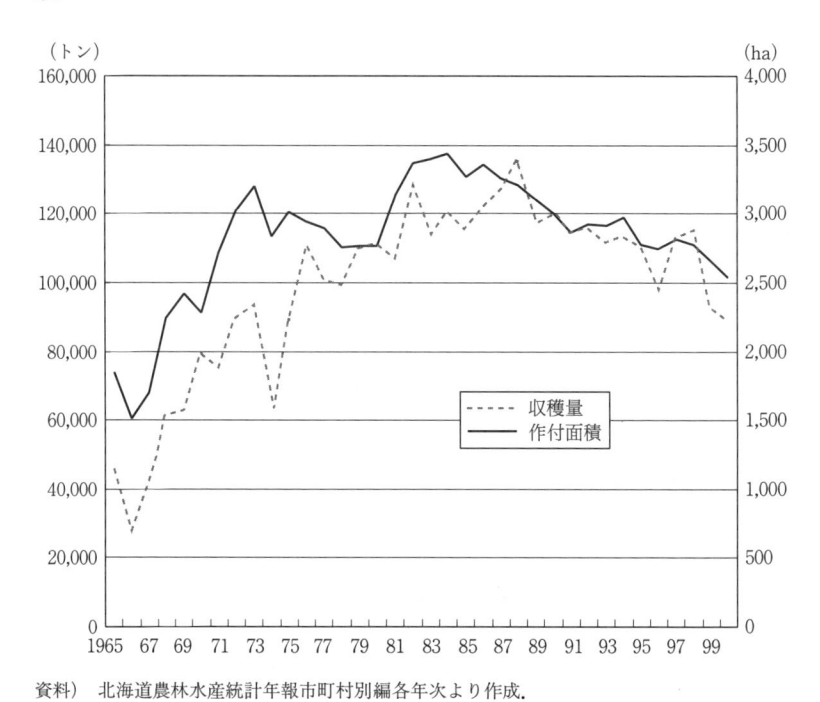

資料）北海道農林水産統計年報市町村別編各年次より作成.

図5-1 士幌町における馬鈴しょ生産の推移

有しており，原料の長期貯蔵を実現している．それによって北海道フーズでは翌年の6月中頃まで地元産の馬鈴しょを使うことが可能となっている．また，生食用の馬鈴しょを長期保存するために，同年には発芽を抑制するコバルト照射センターも建設している．このようにでん粉主体からの転換は他の食品産業と比較しても先駆的な取り組みであった．

　農協は当初，高度な馬鈴しょ貯蔵技術をもとにして，さらに消費地への集荷貯蔵体制を構築して，良質な原料の販売をおこなっていた．ポテトチップの先発メーカーである湖池屋をはじめカルビーも含めて全国の食品メーカーへ原料を販売していたが，その後農協自らがスナック菓子製造に取り組むことになり，1974年には明治製菓と提携してポテトチップの生産を開始している．その後日本コカコーラ(株)や(株)ダイエーのポテトチップ生産もおこ

第5章 農協馬鈴しょ加工事業の成立条件と意義

表5-1 士幌町農協における主な馬鈴しょ関連施設の概要

建設年度	施設名	施設能力等	摘要
55年	合理化澱粉工場	処理能力：1,800t/日，生産量：精粉35,000t	いもでん粉工場再編整備対策事業により2001年に新設された．
70～92年	馬鈴しょ貯蔵施設	面積：19棟，63,859m²	
	消費地集出荷施設	面積：6棟，16,762m²	埼玉県熊谷市
73年	ポテトチップ工場	面積：8,241m²，処理能力：5t/h	農協子会社として加工をおこなう北海道フーズ設立
73年	フレンチフライ工場	面積：10,001m²，処理能力：15t/h	
73年	コバルト照射センター	コバルト60を馬鈴しょに照射することで発芽を抑制し，長期保存を可能とする．	
74～92年	食用馬鈴しょ撰果プラント	面積：5,033m²，処理能力：410t/日	
75～76年	種子馬鈴しょ貯蔵庫	面積：2棟，4,292m²	
87～94年	コロッケ工場	面積：11,364m²，処理能力：200,000食/h	
89年	関東食品開発研究所		埼玉県東松山市（カルビーのOEM生産）
89年	ポテトチップ工場	面積：7,360m²，処理能力：10t/h	
93年	ポテトサラダ工場	面積：3,036m²，処理能力：2t/h	
	関西食品工場		京都府福知山市

資料）『組合40年のあゆみ』士幌町農協，士幌町農協資料，農協ホームページ等より作成．

なった．しかし，その後原料を販売していたカルビーとポテトチップ製造で競合することとなった．結果的には83年にカルビーと事業提携をおこなうようになり，他社のポテトチップ生産は中止した．1989年には埼玉県東松山市にカルビー向け製品を製造する工場を建設するなど，ポテトチップに関してはカルビーの重要な製造拠点に位置付いている．

図5-2の農協馬鈴しょ取扱高や，農協食品工場の売上高をしめした図5-3をみると，70年代は73年馬鈴しょ加工処理施設，ポテトチップ工場，フレンチフライ工場等を建設したことで，馬鈴しょ原料の販売額は15～25億円，製品売上は20億円前後で推移した．80年代に入ると87年からニチレイのポテトコロッケの生産が開始されたことで，原料販売額は30億円，製品売上は40～60億円と拡大した．さらに前提表5-1に示したように89年に製品

資料）士幌町農協40年記念史，60年記念史，農協業務報告書より作成．
注）95年を100とする農産物総合物価指数でデフレートした．

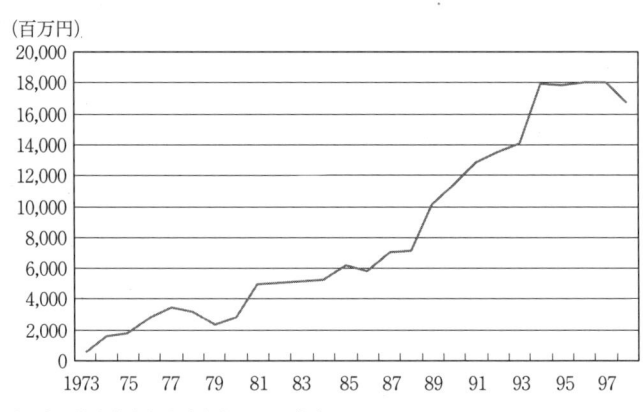

図 5-2　士幌町農協における販売高の推移

資料）農協業務報告書各年次より作成．
注）95年を100とした加工食品の卸売物価指数によりデフレートした．

図 5-3　食品工場製品売上高の推移

第5章　農協馬鈴しょ加工事業の成立条件と意義　　　157

の輸送コストを削減させるために大消費地である首都圏の埼玉県東松山市に消費地加工施設「食品開発研究所」が建設され，これを運営するために北海道フーズとカルビー(株)の資本提携によって(株)ポテトフーズが成立された．十勝産を中心に関東近県などから調達した原料によってカルビー向けの製品を納入するようになり，いち早く生産地加工から消費地加工へと進出したのである．これはカルビー躍進の一要因である，製品の鮮度を生産から小売店頭段階まで徹底して管理するという販売流通戦略の一環として展開されたものである．そうした戦略を展開するためには，小売業者からの注文をもとに必要とされるだけの量を生産し配送する体制が必要となる．カルビーは安定的な原料調達をおこなうために「契約栽培システム」を作るとともに，「生産拠点を小売店舗に近づけることで新鮮な商品が店頭に並ぶようにするために，全国の消費地の近くに生産拠点を整備」していったのである．そうした生産流通販売体制の中に士幌町農協は1加工業者として主体的に参加することで，大きな付加価値を獲得してきた[3]．

　90年代にはいると，90年に明治製菓で北海道士幌産ポテトチップの生産や93年には関東食品開発研究所でクノール食品との業務提携によってサラダ工場の操業が開始された．それによって，ポテトチップ・ポテトスティックの菓子部門，フレンチフライドポテト・その他冷凍野菜の冷凍食品部門，ポテトコロッケの調理食品部門，ポテトサラダのチルド食品部門という，馬鈴しょに関する「4大食品」すべてを生産する体制をとったのである．90年代になって製品売上高は60億円から一挙に180億円にまで達している．

(2)　馬鈴しょ加工システム

　士幌町農協における原料供給体制を整理した図5-4をみながら，その概要と特徴についてみてみよう．士幌町農協をはじめとする近隣5農協管内で生産された馬鈴しょは，士幌町農協の集出荷施設に集められる．農協は原料の販売も行っているが，特徴的なのはすでに述べているように加工事業を行っている点である．集荷した馬鈴しょを倉庫に保管し，農協の子会社である

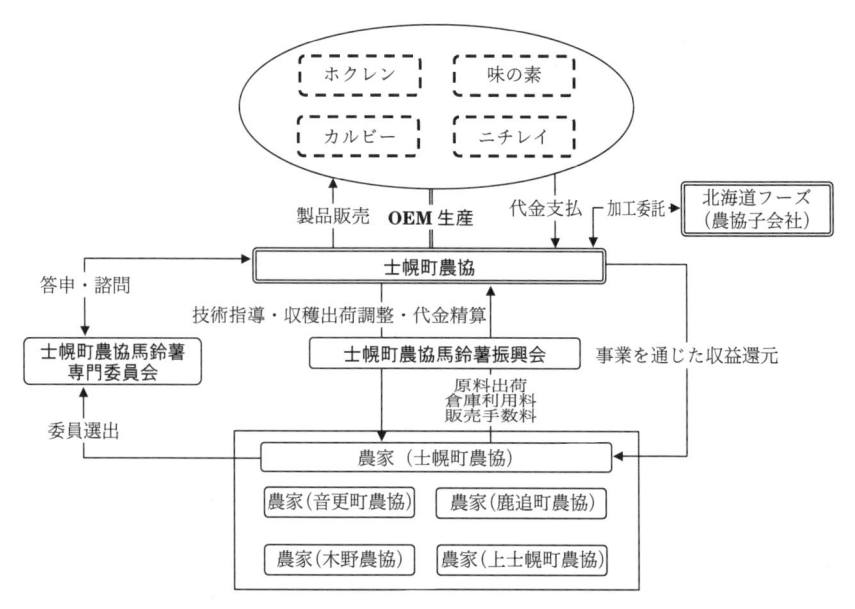

注 1) 二重線の囲みは農協とその子会社を，実線の囲みは農家と農家組織を，破線の囲みは販売先をそれぞれ表している．
2) 矢印は両者の関係(関与のしかた)を表している．

図5-4 士幌町における現段階の加工用馬鈴しょ流通実態と各組織の機能

「北海道フーズ」に加工委託をする．加工は大手食品加工メーカーからの受託生産が基本であり，完成した製品は農協の倉庫に保管され，加工メーカーの求めに応じて順次出荷される．

　集荷，貯蔵，出荷は士幌町農協の農工部が担当する．農家は圃場の条件をみて出荷の予定を農工部に連絡する．農工部は施設の稼働状況と，各農家の進捗状況を判断して収穫の順序，量を指示する．参加5農協で生産された馬鈴しょは，生食用，加工用（一部澱原専用種）ともに基本的には全量士幌町農協の施設に集荷される．現在の受入品種は生食用として男爵，メークイン，きたあかり，北海コガネ，加工用としてトヨシロ，農林1号，北海コガネ，ワセシロ，サヤカ，澱原用としてコナフブキである．品種別の作付面積は表5-2にみるように，最も多いのがポテトチップ原料のトヨシロという点は，

第5章　農協馬鈴しょ加工事業の成立条件と意義　　　　　　159

十勝の全体的傾向と一致している．一方特徴的なのは，十勝では作付の少ない男爵の面積が大きい点であり，コロッケやポテトサラダ原料として重要な品種となっている．加工用はでん粉価，生食用は重量で価格を設定して受入をおこない，士幌町農協がこれに基づいて各農協の馬鈴しょ特別勘定に販売金額を振り込む．

　加工は士幌町農協の別会社である「北海道フーズ」に委託し，製品は農協の経済課が販売する．農工部の費用，加工に関する費用，販売を担当する経済課職員の給与は士幌町農協から支出されていることからわかるように，加工，販売は士幌町農協に一任されている．製品の販売はOEM（Original Equipment Manufacturer…納入先ブランド名）生産を基本としており，農協の独自ブランドによる製造販売はない．食品加工メーカーが主体となって製品開発をおこない，それに基づいて農協が原料調達および加工を担当し，製品をメーカーが販売するという棲み分けになっている．販売先は，ポテトチップは大部分がカルビー，フレンチフライはホクレン，コロッケはニチレイ，ポテトサラダは味の素など，大手食品加工メーカーと業務提携している．

表5-2　士幌町における馬鈴しょの品種別作付面積
（単位：ha，％）

	士幌町	5農協計	士幌割合
男　　　爵	450	1,765	25.5
メ ー ク イ ン	144	685	21.0
ワ セ シ ロ	45	120	37.4
農 林 1 号	419	754	55.6
ト ヨ シ ロ	728	1,935	37.6
ホッカイコガネ	514	690	74.6
コ ナ フ ブ キ	0	402	0.0
そ の 他	119	252	47.1
計	2,419	6,602	36.6

資料）北海道十勝支庁農務課農産係資料より作成．
注1）2002年の数値である．
　2）5農協計とは士幌町農協に馬鈴しょを出荷している音更町，木野，上士幌町，鹿追町農協に士幌町農協を加えた数値である．

出荷契約をカルビーの事例でみると，最低出荷数量を長期契約で決め，カルビーより供給される資材を用いてパッケージングをおこない，現物を工場渡しする．製品開発は基本的にメーカーがおこなう．価格はメーカーが原価計算をおこないそれに基づいて協議の上決定していくが，実際はメーカーの意向がより強く反映され決定されている．

　現在5農協管内で生産される馬鈴しょは生食用4万トン，加工用10万トンと膨大な量であるが，この集荷，貯蔵，出荷業務をわずか6名の正職員が担当しており，このスケールメリットが収益をもたらす大きな要因となっている．

　第3章でみたカルビーポテトによる契約栽培との違いを意識しながら，士幌町の特徴をみてみよう．すでに述べてきたように，製菓メーカーであるカルビーからみるとポテトチップの製造には，カルビーポテトを経由して原料を購入し自社工場で製造するルートと，士幌町農協のOEM工場から製品として購入するルートがある．店頭には同じカルビーのポテトチップとして陳列されるのであるが，そこに至るまでの過程にはいくつかの特徴や違いが見られる．

　まずは原料の品質についてである．第3章でみたようにカルビーポテトを経由する場合は，契約栽培であり，原料の品質に応じて価格が設定されている．品質検査方法として，工場使用時インセンティブというものがあった．集荷した原料は使用するまでに一定の保存期間がある．保存期間中の腐敗などによる歩留まりの低下分を価格に反映させる方式である．こうした原料の保存期間中の歩留まりに関しては，士幌町農協の場合も「ピーラー検査」を実施している．原料の受入時にサンプルを採り，50日後に皮むき（ピーリング）して内部障害などの検査を行う．こうした品質別の価格設定は，士幌町農協の東松山工場と北海道フーズでのポテトチップ原料にも採用している．

　つぎに，販売価格の精算についてである．士幌町農協では，原料を販売先にかかわらず一元集荷する品種毎の共計体制をとっている．

　販売先にかかわらず，比重等級によって区分された基本価格Ⅰという価格

第5章 農協馬鈴しょ加工事業の成立条件と意義

帯が設定され，そのほかに，前述したピーラー検査の結果を反映させたプレミアが設定されている．基本価格とプレミアは毎年事前に固定されている．ここまではカルビーポテトによる契約栽培の場合と違いはないが，ここからが大きく異なる．実際に集荷した原料を農協が取引先に販売するのであるが，毎年の販売状況や原料の歩留まりなどによって，販売高は当然変動する．士幌町農協では当初の想定よりも最終的に「儲かった」場合は，当初の固定価格分に加えて農家へ還元している．カルビーポテトの場合は品質に応じて事前に価格が決まっており，その後の販売成果はカルビーポテトに帰属するが，士幌の場合は，販売状況によって農家への最終精算価格は変化する．高く売れればカルビーポテトは儲かり，士幌はその分を農家に還元する．これが大きな違いである．原料代は，10月1日以降に出荷されるものは出荷時期にかかわらず10月1日に仮払いされ，翌年の3月末に本精算される．完売後に5農協と協議して追加支払いがおこなわれる．

こうした違いを見てくると，販売によるリスクは士幌町農協の場合は農家に帰属しているとみることもできる．農協が販売計画を達成できなかった場合はその分農家への最終精算価格を引き下げればいいのである．しかし，そうした事態が続けば当然農家は農協以外の出荷先を考えるであろう．また，士幌町農協へ出荷している他の農協も直接カルビーポテトやカルビーとの取引をおこなうという道もある．図5-5にみるように，原料における参加農協のウエイトは非常に大きい．馬鈴しょコンビナートは士幌町農協管内のみではなく，参加農協の協力がなければ成立しないのである．仮に参加農協の協力が得られなければ，馬鈴しょコンビナートの操業率は低下し，施設を所有する士幌町農協は大きな危機を迎えることになる．

士幌町農協は，近隣5農協の責任農協として販売を担っている．常に参加農協が納得のいく精算価格を実現しなければならないという，農家や農協との緊張関係の上に士幌町の馬鈴しょコンビナートは成立しているのである．

162

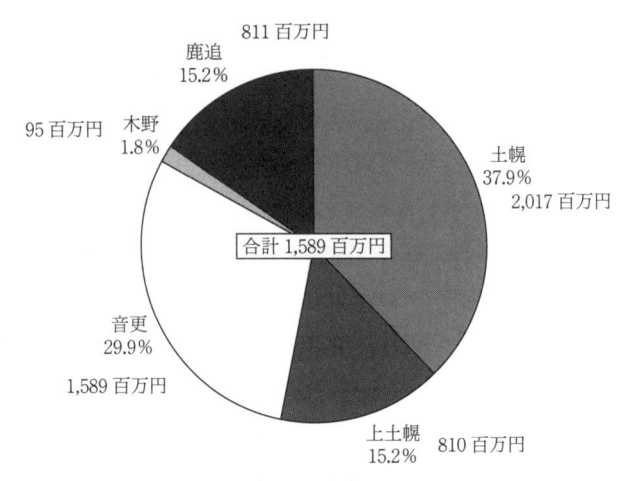

```
                    811 百万円
              鹿追
              15.2%
  95 百万円   木野
              1.8%              士幌
                                37.9%
                                2,017 百万円
              合計 1,589 百万円

        音更
        29.9%
       1,589 百万円
                          上土幌     810 百万円
                          15.2%
```

資料) 士幌町農協業務報告書により作成.

図 5-5 農協別にみた食用加工用馬鈴しょ原料代(1998 年度)

4. 加工事業収益の還元と組合員組織化

では次にそうした加工事業の収益性についてみてみよう．表 5-3 は 72 年以降における部門別の事業利益をみたものである．この表をみる場合に注意が必要な点は，こうした事業利益は内部資金利息受入支払，共通経費配分後

表 5-3 部門別事

	全 体	信 用	共 済	販 売	購 買	倉 庫
1972	△ 144,117	1,447	4,704	254	3,627	93,683
1975	△ 75,008	527	11,741	28,413	43,430	1,367
1980	74,358	25,950	26,380	48,761	65,278	195,750
1985	△ 51,514	10,093	59,243	134,746	10,907	6,852
1990	214,213	19,658	84,734	190,087		△ 22,327
1995	655,941	2,344	102,956	227,275	18,067	2,690
1998	610,908	3,541	96,904	290,948	△ 12,611	6,575

資料) 農協資料より作成．
注) 事業利益は内部資金および共通経費配分後の数値である．

第5章　農協馬鈴しょ加工事業の成立条件と意義

の数値であり，そのため通常の農協の数値よりも実際は低く現れるという点である[4]．これによると販売部門が事業利益段階で占める額は一貫して高く，一方他の農協では高い割合をしめる信用事業，共済事業が低くなっている．

販売部門の損益について詳しくみると次のような構造となっている．98年度における総収入は180億円であるが，うち122億円が加工品売上高である．一方，事業管理費については減価償却と内部資金利息支払いがそれぞれ12億円，10億円であり，結果として事業利益は2億9,000万円となっている．10億円の内部資金利息は，農協合計の8億2,300万円を上回る額である．庶務，共済，生産資材，農産の各部門にこうした内部資金利息が配分されることで部門別事業利益が改善される構造となっている．このように事業収益の数値以上に農協経営にしめる販売事業の割合は高くなっている．

そして，各事業へ配分された加工事業の収益は，農協事業を通じて組合員へと還元されるのである．収益還元には，各種利用高にもとづく期中割り戻しによるものと，手数料を低く設定することで間接的におこなうものがあり，いずれにしても最終的な剰余金処分ではなく事業のなかで還元していることが特徴である．表5-4に信用事業の利回りを示しているが，これによると貸付金利回りが低く貯金原価が高くなっており，信用事業が収益部門ではなくサービス部門として位置付けられていることがわかる．さらに表5-5にみるように販売事業の手数料も極めて低くなっている．

業利益の推移

（単位：千円）

農　工	生産施設	営　農	家畜診療	開　発	事業所	管理庶務
23	5,692	△ 77,397			△ 1,406	△ 174,733
13,068	△ 508	△ 75,136	△ 10,637		△ 3,373	△ 83,901
	7,742	△ 16,034	7,476		7,837	△ 294,783
	4,417	△ 51,078	3,108		△ 18,496	△ 211,308
	11,346	△ 144,622	4,231		△ 29,484	79,583
	14,694	△ 115,633	7,211	△ 67,186	△ 67,628	531,151
	2,395	△ 174,733	△ 57,477	215	△ 83,664	538,815

表5-4 十勝の農協における信用事業利回り

(単位：%)

	貸付金利回り	貯金原価
士 幌	2.31	2.21
a	3.22	1.50
b	2.92	1.76
c	2.56	1.42
d	3.27	2.00
e	2.92	1.72
f	3.31	2.50
g	2.29	1.31
十勝平均	3.37	1.84

出典）小林［2001］41頁より抜粋．
資料）北海道信連「農業協同組合経営分析調査書」1998年度より作成．
注1）十勝平均は北海道信連帯広支所の平均値である．
  2）a～gは十勝の畑作地帯に位置する農協である．

表5-5 販売事業における品目別手数料率

(単位：%)

	十 勝	士 幌
麦 類	3.0	3.0
豆類・雑穀	16.5	13.4
加工用馬鈴しょ	2.2	0.0
野 菜	2.7	0.4
その他工芸作物	0.3	0.0
花き・花木	2.3	2.6
農産物小計	3.7	2.0
生 乳	0.8	0.0
乳用牛	1.7	0.0
肉用牛	1.2	0.0
畜産物小計	1.1	0.0
合 計	2.5	0.9

出典）小林［2001］41頁より抜粋．
資料）北海道『農業協同組合要覧』1998年度より作成．
注）十勝は十勝支庁の平均である．

　士幌町農協の巨大な馬鈴しょコンビナートの運営には組合員，ならびに出荷農協の協力が不可欠である．士幌町農協の原料供給・加工体制は組合員の農協利用が加工事業を成立させ，加工事業による収益を組合員利用と連動させて還元する，それがまた組合員の農協利用を促進する，という構造となっている．

　こうした農協と組合員の関係を媒介するものとして，士幌町農協には「地区農協運営協力委員会」という組合員組織がある．士幌町農協の事業展開は，農協が主導性を発揮しながら組合員を引っ張ってきたという側面がある．そうした事業方式が，必ずしもすべての組合員に受け入れられてきたわけではない．そこには緊張関係があった．農協事業が拡大するにつれて，旧来の農事実行組合という人的，地縁的組織による組合員と農協との結びつきのみに頼ることへの不安感が農協に募っていった．

　そこで，1966年に地区農協運営協力委員会が設立された．これは，当初

は組合員が自主的に農協運営に協力するために立ち上げたものであったが，その後農協による強力な後押しにより農協の集落レベルでの合意形成機関として，あるいは農協支援機関として展開していった．これは，士幌町の9地区（複数の農事実行組合の連合体）ごとに設置されている．組織の目的は規定によると「組合運営について組合，組合員間の相互の理解と意思疎通を図り，さらには農協に対する全面的な協力を行い，組合の適正な発展を通じて，組合員の農業経営の拡大強化を図る」ことにある．

その業務は1) 事業所（地区）を中心とした組合運営の理解について，2) 事業所（地区）を通じて組合の完全利用を促進する，3) 事業所（地区）を中心とした協力体制の樹立と実施，4) 組合員の事業所（地区）利用のための具体的献策具申について，となっている．

このように委員会は農協と組合員との意思疎通機関として成立したが，単なる意思疎通機関ではないところに特徴がある．委員会規定には〈その他〉として，1) 農協が委員会に対し活動助成をおこなえること，2) 組合利用高による共励会などをおこない，奨励金の支出をおこなうことができること，が記載されている．農協は委員会を通じて助成金を出し，それを農協利用高に応じて組合員に配分し，組合員の農協利用率を高めようとする狙いがそこにはある．

ある地区の委員会の2000年における収入は496万円であるが，そのうち戸割りなどで配分される助成金が184万円，そのほか農協への農産物の出荷量，購買利用高等に応じて配分される奨励金が152万円となっている．このように委員会の運営には農協による助成，奨励金が重要な役割を果たしている．また，こうした仕組みは，組合員間に農協外利用に対する規制力としても作用する．農協外利用が委員会への農協からの奨励金への減額に結びつくからである．

そうした生産活動面以外にも，地区の産業，生活，文化，スポーツの各面にわたるグループ活動に対する表彰や，慶弔時における支援などをおこない，組合員の結束を強める活動をおこなっている．

このようにして，農協が加工事業によって獲得した収益が農協の各事業，さらに地区農協運営協力委員会などを通じ，様々な形で組合員へ還元されている．そして，その還元方法が再び農協への結集を高めるようなやり方でなされているという点が大きな特徴である．

5. 地域農業再編と馬鈴しょ加工システムの成立要因

(1) 農協加工事業の特質と論点

農協自らが加工資本と同じ市場で競争していくことは非常に困難である．1970年代～80年代にかけての食品産業の再編期においては，自治体や農協，農民諸層による加工事業が「特産品的水準」から本格的展開をはかることが国民的課題とされていた．しかし，重要性がいわれながらも，大手資本と競争していくことの困難性も同時に指摘されてきた[5]．実際に一部の事例を除いて農協等による加工事業が全面的に展開することはなかった．

農協加工事業に関する既存研究の論点を整理すると，協同組合としての組織的特性，つまり組織基盤が一定範囲内の組合員に限定されていることに起因する一般企業との競争における限界性という議論がある．一方，そうした限界がありつつも，消費者への安全安心な食料供給者としての役割や，地域農業振興という視点から農協の加工事業の意義を強調するという議論も展開された．

協同組合のもつ限界性という指摘は，近藤康男によって展開された協同組合論を敷衍したものである．三輪［1968］の整理を参考にすると近藤の協同組合原理論は協同組合の本質を商業資本としてとらえ，その存立条件を国家独占資本に奉仕する機関であることにおいた．そうした系譜を受け継いだその後の諸研究の中では農協加工事業について，つまり産業資本としての協同組合の性格について明示的に検討したものはみられない．しかし，それに関係する論点として協同組合の展開論理に関する議論がある．協同組合の展開論理において重要な契機とされてきた組織体的側面と経営体的側面との関連

第5章　農協馬鈴しょ加工事業の成立条件と意義

である．協同組合の展開につれて主体（意志）の変化，その非協同組合化，具体的にいえば協同組合経営が組合員・その意志・その利益と乖離，背反せざるをえない点が議論の基軸にすえられた．

こうした議論は多くの論者にみられ，例えば御園喜博［1963］でも農民による組合製糸に関して，資本に対する対抗が大したことはないのは「資本主義のもとでは当然のことでもある」，農協が一般営業経営と同じになることは「必然的・宿命的な途」「理の当然」で，対抗としての意義は一層薄れたものにならざるをえない，と指摘している．

農協による加工事業に関しても，集荷の範囲が組合員に限定されているという特性から事業体としての効率を追求することが出来ないとされている[6]．そして事業体としての効率性を追求すると，農民との乖離が生じるとされるのである．

たしかに，そうした側面はあるが，現実として農民および農協による加工事業の事例がある．協同組合が商業資本として，流通に関わる諸施設を保有している段階から，さらに加工事業に関する施設を保有し，さらに自らが付加価値を創出しながら一般加工資本との競争関係の下で事業を行っていく際には，こうした論点は重要であろう．具体的取り組みからこれら論点を実証的に分析することは，流通過程のみで農民問題が解決できなくなっている現段階において，重要な課題であると考えられるのである．

次に，川村琢の共販論における農協の性格規定からも農協加工事業に関連して，議論を敷衍してみよう．川村理論における農協は，無条件委託による販売が行われるというように農家と一体となったものとして考えられている．共販論における生産過程と流通過程の統一という概念である．これは強みでもあったが，実際に農協が加工事業を展開していくためには，農協は農家からある程度自立していなければならない．加工過程への進出においては統一ではなく分離した資本としての農協をいかに民主的に運営していくのか，という点も重要な論点と考えられるのである．

次に2つ目に関する議論を整理しておこう．農協加工事業の事例研究及び

理論的研究を行ったものに竹中久二雄・白石正彦［1985a；1985b］がある．これらは，農協による加工事業の80年代時点の意義を「単純に付加価値の取得をねらう産業座標軸をこえて，もう1つの座標軸としての生活文化座標軸に基点をおいた加工事業の展開が期待されていると言っていい」というように，いまの地域農業振興やフードシステム的な視点から，その意義を強調している．さらに，農協加工事業の展開過程の類型化，特質について整理をしており，特に農協加工事業の特質に関する整理は参考になる点が多い．

近年も中山間地域の振興に関する研究の一環として柏［2002］などによって農協加工事業が取り上げられている．いわゆる「一村一品運動」の延長として，地域農業振興や食と農を結びつけ「安全」，「安心」な食生活へ寄与すべく，農協を中心に加工事業への取り組みがみられている．それは付加価値の獲得，労働市場の確保といった地域経済の活性化という地域内的な視点とともに，生産された加工品を通じて，地域外との交流によって地域の活性化を図ろうとするものである．

また，協同組合のもつ社会経済的意義との関連からみても，次の2つの意味において加工部門への進出は大きな課題となっている．1つには消費者にとって適切なフードシステムを構築していく，その担い手として協同組合がとらえられている点である．フードシステムにおける加工部門の重要性が増しているが，しかしそこでの不正問題も後を絶たない．協同組合組織である全農までもが不正表示問題を引き起こしている中で，いったい誰に加工事業を任せればいいのか，という問題関心が大きくなっている．既存の企業によるシステムのオルタナティブとしての協同組合の役割に注目が集まっている．こうした認識は鈴木［1990］などにみられる．

もう1つは，協同組合の組織経営問題との関係である．古くはヨーロッパにおける生協の株式会社化などにみられるように協同組合の経営的危機，さらにレイドロウによって「協同組合の第3の危機」が指摘されて久しい．協同組合は市場経済システムの下で，「協同組合セクター」として一般企業とどのように競争をしていくのか，ということが，協同組合経営に課された大

きな課題となっている．それを受けて，協同組合をいかに効率的かつ，民主的に運営していくのか，というコーポレートガバナンスの議論が活発になされている．その一方で協同組合がより付加価値を獲得するため最終消費段階に近づき，加工事業などに進出していく必要性が指摘され[7]，アグリビジネス論の一環として新世代農協なども注目されている[8]．

以下ではこれらの論点を念頭におきつつ士幌町農協の事例を検討してみよう．

(2) 馬鈴しょ加工システムの成立要因

士幌町農協の馬鈴しょ加工システムは，他の農協にはみられないような独自でかつ巨大なものである．こうしたシステムを成立させるには様々な課題を解決しなければならなかったが，それらに共通しているのは生産に密着した生産者の組織である農協が，収益の追求が第1とされる一般加工資本との競争をいかにして繰り広げて自らの地位を獲得するのか，という課題である．

そこで提起された課題とその解決方策について整理すると大きく分けて以下の4点があげられる．第1に事業基盤が組合員に限定されていることから生じる施設の操業度低下と需給ギャップを克服してきた点，第2に販路に関して，大手加工資本とのOEM生産を行うことで販売リスクを軽減し，製造による付加価値を獲得する道を選択した点，第3に施設取得にともなう資金調達に関して，農協が加工事業を行うことで獲得した付加価値が「制度貯金」という半強制的な貯金制度によって信用事業を通じて農協の資金源となってきた点，第4に事業運営組織に関して，農家の意志と農協事業を公平な立場から判断して事業運営していくために生産者による「専門委員会」を設置している点，である．

まず，第1の点に関してみてみよう．原料集荷範囲が原則的に組合員に限定されている農協が安定的な操業度を確保するためには，安定的な原料生産基盤を形成し，その上で原料貯蔵を行いながら通年操業を行っていく必要がある．士幌町農協はまず，近隣4農協と事業連合を行い原料基盤を拡大して

きた．前掲図5-5でもみたように98年度の食用加工用馬鈴しょ53億円のうち士幌町農協は20億円であり，残りの33億円分を管外から集荷している．

さらに，士幌町農協管内においても積極的な地域農業再編策を講じることで馬鈴しょ生産基盤を強化してきた[9]．農協はリース農場として肉牛センターや酪農団地を建設し，そこに畑作の過密集落から移転入植を行った．そうすることで畑作農家の全体的な規模拡大をはかり，均質な農民層を基盤として農協への結集を図ってきた[10]．

こうして展開してきた畑作農家は，限られた面積の中でより大きな収益をあげようと，馬鈴しょ生産に取り組んだのである．その結果として，士幌町における馬鈴しょ生産は著しく拡大した．経済的有利性を背景として，農家経営における馬鈴しょ作付割合は極限まで増加した．表5-6は士幌町の典型的な畑作専業集落であるK集落における規模別作付割合を1971年から2000年まで5年ごとの平均値としてみたものである[11]．集落平均では豆類の作付が激減する一方で，馬鈴しょ4〜5割という高い割合を維持してきた．また，階層間で作付構成に違いが見られる．小規模なほど馬鈴しょの過作傾向が強く，なかには10数年にわたり馬鈴しょ50％，小麦25％，てん菜25％という作付構成を継続してきた農家もいる．一定の所得をあげるために馬鈴しょの作付面積を確保し，余った耕地に，次いで収益性の高いてん菜，小麦を作付けるという行動である．農協の加工事業が生み出す高い収益性が農家にこのような土地利用をもたらし，拡大していく馬鈴しょコンビナートに原料を供給してきたのである．

収穫作業においても農協が食用ポテトハーベスタや集荷コンテナを貸し付け，共同収穫体系を整備してきた[12]．

また，品種別作付構成にも特徴がある．前掲表5-2は士幌町農協に参加している5農協が位置する4町村について，馬鈴しょの品種別作付をみたものであるがこれによると，士幌町の特徴として次の2点をあげることが出来る．ひとつは澱原用品種の作付が全くないことである．生産者の作付意向と食品市場との間にある需給格差を緩和し，農家にとって安定的な生産が可能とな

第5章 農協馬鈴しょ加工事業の成立条件と意義

表5-6 士幌町K集落における階層構成と土地利用の推移

(単位：％, 10a)

	馬鈴しょ	小麦	てん菜	豆類	スイートコーン	その他	合計		馬鈴しょ	小麦	てん菜	豆類	スイートコーン	その他	合計
1996～2000								1981～1985							
30ha以上	31.7	21.7	25.1	12.7	7.4	1.3	384	30ha以上	40.5	31.3	23.1	5.0	0.0	0.0	303
25～30	33.3	22.4	22.9	8.9	5.6	7.0	261	25～30	42.3	27.0	25.1	3.0	0.0	3.5	281
20～25	25.3	26.8	25.5	4.2	9.0	9.3	231	20～25	49.3	22.7	22.8	2.4	0.0	2.9	220
20ha未満	42.5	29.7	25.2	0.0	0.0	2.6	156	20ha未満	47.6	27.6	22.3	1.9	0.0	0.7	180
平均	32.0	23.5	24.1	8.4	6.3	4.3	280	平均	47.2	24.7	23.3	2.4	0.5	2.4	228
全町	18.9	15.3	16.4	11.2	3.1	35.0	142,527	全町	24.7	15.7	17.0	9.4	0.3	32.8	131,501
1991～1995								1976～1980							
30ha以上	36.5	24.9	25.6	9.4	2.1	1.5	324	30ha以上	—	—	—	—	—	—	—
25～30	33.3	28.1	20.1	1.4	14.9	2.1	252	25～30	48.0	19.7	17.2	7.7	0.0	7.3	270
20～25	36.4	23.9	25.2	4.0	3.9	6.6	227	20～25	48.9	20.4	17.4	11.2	0.0	2.1	222
20ha未満	48.9	26.3	22.6	0.0	0.0	2.2	162	20ha未満	48.8	22.0	17.8	7.5	0.0	3.9	173
平均	37.0	24.5	24.8	4.9	3.8	4.4	249	平均	48.7	20.9	17.5	8.7	0.0	10.2	213
全町	20.4	16.2	16.8	9.6	2.8	34.3	140,161	全町	25.9	11.6	14.7	18.5	0.0	36.6	107,198
1986～1990								1971～1975							
30ha以上	37.5	28.6	21.1	9.6	1.0	2.2	316	30ha以上	—	—	—	—	—	—	—
25～30	36.5	30.6	24.9	2.4	0.7	5.0	272	25～30	—	—	—	—	—	—	—
20～25	42.9	27.3	22.8	1.9	3.4	1.8	226	20～25	45.7	9.8	15.9	16.9	0.0	11.6	223
20ha未満	48.7	27.2	23.9	0.2	0.0	0.0	177	20ha未満	41.7	8.5	17.7	20.6	0.0	11.5	167
平均	41.7	28.2	23.3	2.3	2.0	2.4	237	平均	43.5	9.1	16.9	19.0	0.0	15.8	191
全町	22.9	17.8	16.7	8.1	1.9	32.6	137,666	全町	28.0	5.6	12.8	24.2	0.0	29.4	104,841

出典) 小林［2001］37頁より引用．
資料) 農協資料より作成．
注1) 農家は1996年時点で作付を行っている農家に限っている．
 2) 合計は実数値，作物別は合計に対する割合を示している．

るように，馬鈴しょの品種間の格差を縮小するとともに，でん粉に向けられる馬鈴しょも生食，加工用と同じ価格で買い入れしてきた．農協が需給ギャップの緩衝機能を担うことで生産の安定性を維持してきたのである．また，他用途に兼用できる農林1号の作付が多く，市場動向に応じた生産を行えるような体制を整備しているのである．

表5-7は品種別の10aあたり収益を示したものである．これによると生食用途として固定されているメークインと，早生品種であるワセシロ以外の品種間では，収益反収の格差は少ない．これは農家の作付意向と需要動向を極力一致させるという点も考慮した価格設定がおこなわれていることの傍証

表 5-7 士幌町農協における馬鈴しょの品種別収益反収

(単位：円/10a)

	94 年産	95 年産	96 年産	97 年産	98 年産	99 年産
男　　　爵	88,387	93,069	87,552	75,414	79,538	106,364
メークイン	106,463	99,085	93,419	71,502	125,515	142,792
ホッカイコガネ	95,746	102,414	86,087	92,228	93,729	104,272
農 林 1 号	91,773	97,870	86,523	88,615	85,292	100,564
ト ヨ シ ロ	89,119	91,729	80,773	86,551	79,857	106,685
ワ セ シ ロ	125,962	126,900	113,916	101,908	137,519	149,569

資料） 農協資料より作成．
注 1) 収益反収とは，10a あたり収量に品種別の平均価格を乗じた数値である．
2) 数値は各品種の平均値である．

となろう．

　次に製品販売に関するリスクに関してみてみよう．この点に関しては，付加価値の獲得とリスクとのバランスから，OEM 生産を主体とした事業展開をおこなってきた．OEM 生産は寡占的な企業が，ある製品の需要拡大期に短期間にシェアを拡大して成長するためにとられる手段である．製品の多様化が求められていく中で，加工食品メーカーもいたずらに製造ラインを多様化することは生産の非効率化につながる．また，提携するメーカー，この場合の士幌町農協にとっても販路が確実なことや，営業コストや製品開発コストなどを節約して，生産管理に集中することができるなどの点でメリットがあったのである[13]．

　第3に関して，士幌町農協は原料，製品の倉庫や加工に関わる諸施設を農協が自ら取得，運営している点があげられる．各種施設を取得することで農協は独自の販売戦略を構築できることが，原料供給体制の特徴の1つとなっている．なかでも冷凍倉庫を所有していることで，冷凍食品等の貯蔵が可能となり，需給調整機能を果たすことができている．

　そうした各種施設は，補助事業の活用を基本としつつも，補助残分は農協の自己資金で対応してきた．図 5-6 に施設投資と資本蓄積の推移を示しているが，特に 1980 年代後半になってから有形固定資産の増加は著しいが，それに対応した減価償却引当を行ってきたのである．

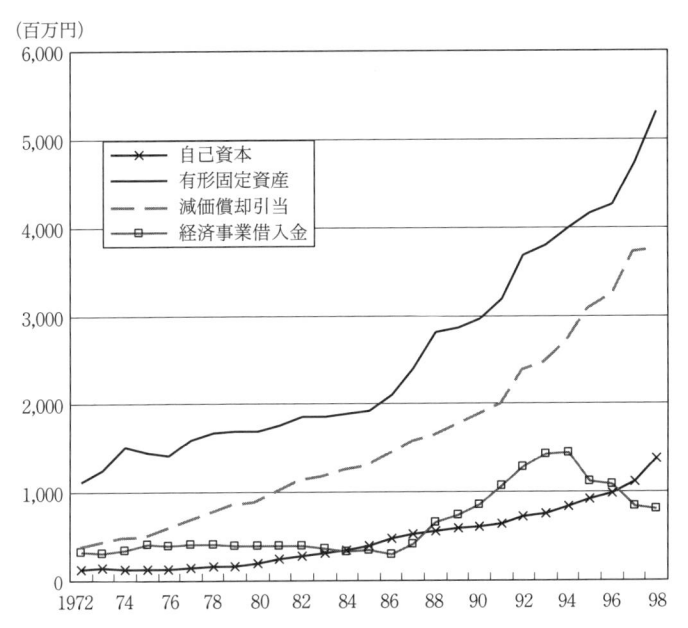

第5章　農協馬鈴しょ加工事業の成立条件と意義

(百万円)

凡例：
- 自己資本
- 有形固定資産
- 減価償却引当
- 経済事業借入金

資料）士幌町農協業務報告書各年次より作成．
注）95年を100とした農産物総合物価指数でデフレートした．

図5-6　士幌町農協における施設投資と資本蓄積

また，農協の運転資金として貯金が重要な役割を果たしてきた．士幌町農協の貯金は一貫して増加しており，2001年度現在では1農協としては極めて大きい695億円である．これには「制度貯金」が重要な役割を果たした．制度貯金とは農協が高金利を設定するなどして様々な名目で奨励してきた貯金のことであり，自動的に積み立てられるものである[14]．こうした半ば強制的な貯金制度は農家経済の安定化に著しく寄与しているとともに，資金源として農協経営を強力に下支えしているのである．

第4の事業運営体制についてみてみよう．図5-7は施設運営に関する機構図を示しているが，特徴としては，農家の意志と農協の事業を公平な立場から判断して事業を運営していくために，通常の生産部会である「振興会」の他に生産者による「専門委員会」を設置している点があげられる．「専門委

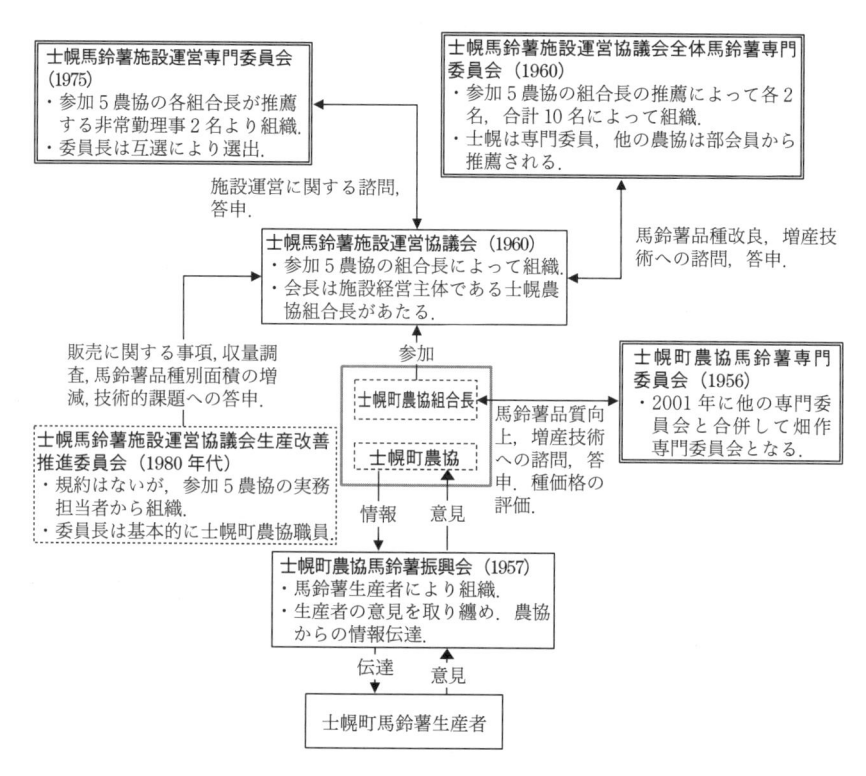

図5-7 士幌町農協馬鈴しょ加工システムに関する組織の関係

員会」を設置し，そこで生産者に「公平な見地」から検討する段階を設けることで生産者の農協に対する一方的な不満を発散させた．また，農家には個別経営の立場から離れて考えることで農業の置かれている社会的，経済的な位置を客観的に認識することを可能とするような素地をあたえたともいわれている．こうした組織が必要となったのは，馬鈴しょ加工システムを作り上げていく過程で，逆にそのシステムに農家と農協が規定されるような場面がでてきたことによる．単に農家経営と農協経営との意見調整では施設運営が立ちゆかない時に，組合長が相談する組織として専門委員があったのである．

そうした試行錯誤の上に，現在の加工用馬鈴しょのシステムが作り上げられた．その結果馬鈴薯専門委員会は徐々にその存在意義を低下させて，馬鈴

薯専門委員と営農機械専門委員が1つになって2001年から畑作専門委員として再編されている．

販売・加工に関する日常業務については図中の「士幌馬鈴薯施設運営協議会生産改善推進委員会」という参加5農協の実務担当者からなる組織体が中心となってとり進められている．

6. 巨大馬鈴しょコンビナートのゆくえ

士幌町農協の事業は，加工用馬鈴しょを中心とした地域農業システムの形成として進められてきたものである．加工資本との関係を切り結ぶ初期段階にも，農協は馬鈴しょ加工に関する技術の蓄積，安定的な原料供給体制をベースとして有利に展開することが出来た．農協はその後，販売リスクとの関係から大手加工資本のOEM生産という委託製造に特化し，販売による付加価値ではなく，製造による付加価値を獲得する道を選択したのである．

加工事業を支えたものが農協のおこなってきた様々な対策である．馬鈴しょの収穫体系の整備とともに，地力問題の解決をめざした肉牛の導入，畑作農家の均一的な規模拡大をめざした農地政策，加工工場を支え農協への結集をはかるための農協利用を通じた収益還元，低率の手数料，需給調整機能としての農協によるでん粉工場の運営とそこでの損失を負担する方式，すべてが馬鈴しょ加工をおこなう上で必要な地域農業のシステム化なのである．

そうした地域農業システムは，加工事業によってもたらされた収益が，農協の事業を通じて組合員に還元される仕組みになっている．農家の農協利用が加工事業の基盤となり，その基盤の上で加工事業により収益をあげる，そしてその収益を農協事業を経由して組合員に還元し，それがまた組合員の農協利用を高める．現在までそうした農家と農協事業との循環関係が有効に作用してきたのである．農産物価格自体は低下傾向にある中において，士幌町農協では製造することによって生まれる付加価値を組合員に還元できているのである．

そしてこうした農協主導による事業展開に対して，組合員組織としては生産振興に係わる生産部会である振興会とともに，施設運営に関する専門委員会という組織が設けられている点が特徴である．

このように一見すると途方もなく感じられる農協の取り組みは，結局は農家による農協の全利用という協同組合の基本原則を遵守してきた結果なのである．

しかし今後を展望した場合，システム自体に問題がないわけではない．1つには，いままでおこなってきた過作の結果として馬鈴しょの品質が低下しており，図5-8のように農協出荷5農協の中でもっとも悪い状況となっている点があげられる．生産基盤の脆弱化がさらにすすめば，巨大なシステムを

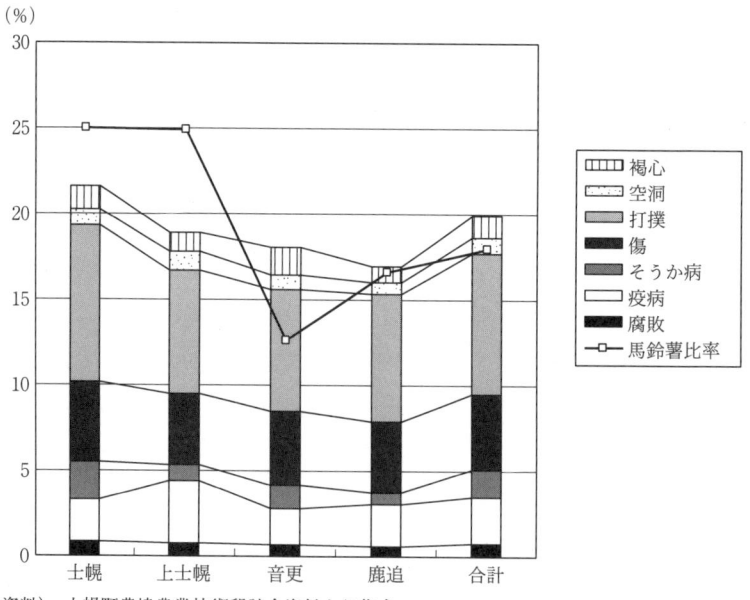

資料）士幌町農協農業技術懇談会資料より作成．
注 1) 97-99年3カ年の平均値である．
  2) 品種はホッカイコガネである．
  3) 馬鈴しょ比率は畑作面積に占める馬鈴しょの割合である．

図5-8 農協別馬鈴しょ障害率

第5章 農協馬鈴しょ加工事業の成立条件と意義

抱えているだけにその影響は大きい．

また，図5-9にみるように，右肩上がりで拡大を続けてきた事業総利益は90年代に入って横ばい傾向を見せている．90年代後半になって施設の減価償却も進み，また経済事業借入金も減少していることから，加工事業自体の収益性は高い時期となっており，そのため剰余金比率も低下はしていない．しかし，今後新たに施設投資の必要が生じた場合，いままでと同様に農家の結集をはかりながら事業を展開することが出来るのかという課題がある．これまで最終的な精算価格を維持することで農家や参加農協の協力を得てきた．こうした体制を維持していくことは，士幌町農協に課せられた非常に大きな課題である．

士幌町農協はこれまでの大手メーカーを取引相手とした大量生産方式によって事業展開してきた．しかし新たな取り組みとして，高度な技術力を持ち

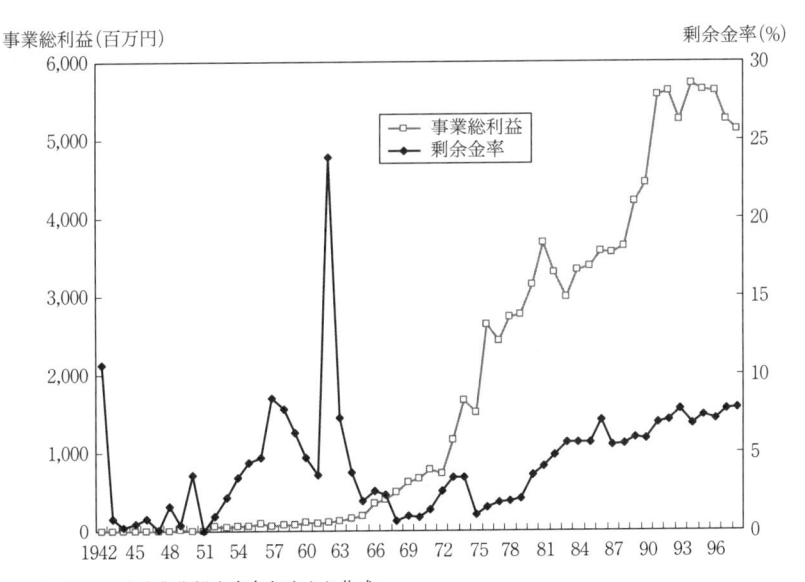

資料）士幌町農協業務報告書各年次より作成．
注）剰余金率とは剰余金/事業総利益である．

図5-9 事業総利益および剰余金率の推移

ながらも原料調達や販売ルートなどの面で弱点を抱えている中小の食品メーカーとの協同関係を模索し始めている．また，全道や全国の他産地との連携にむけた取り組みなども始めている．市場拡大期に対応して事業を伸ばしてきた士幌町農協の事業方式から，市場の停滞・成熟期に対応できる事業方式への転換が求められているのである．

注
1) 農協事業は行政にも大きく影響を与えている．士幌町の人口は1999年で7,036人で，町財政の歳入額は113億円である．1人あたりに換算すると161万円である．この額よりも大きな市町村は35あるのだが税制面など様々な優遇措置のある過疎地域自立促進特別措置法に基づく過疎指定地域がほとんどすべてであり，唯一原子力発電所をもつ泊村（209万円）ぐらいである．農協の事業活動が様々な税収入という形で町財政にも大きな影響をもたらしているといえるのではないか．
2) 北海道フーズは，資本金2,500万円，従業員514名を抱え，2002年度の粗生産額は116億9,700万円に上る．出資は士幌町農協施設建設を主業務とする北斗産業(株)がおこなっている．
3) カルビーの販売チャネル戦略については高島［1998］を参照．
4) 士幌町農協における収益，経営構造について詳しくは小林［2001］を参照のこと．
5) 飯澤［1984］405-406頁．
6) 御園［1966］335頁．
7) オンノフランク・ファン・ベックム他［2002］．
8) 磯田［2001］，クリストファー他［2003］などを参照のこと．新世代農協は出荷権利株と制限的組合員制という特徴によって，アメリカの伝統的農協と区別される．新世代農協は，組合員資格が出荷権利株をもっているものに限られることなどから，協同組合として定義できるかどうかには議論がある．
9) 管内の馬鈴しょ生産基盤を強化することは，単なる量の確保という点からのみではなく，参加5農協が関わる施設運営の中で発言力を維持していくためにも必要であり，そうした点からも強力に推進されていった．
10) 士幌町農協における農地政策に関しては石井［1980］を参照のこと．
11) K集落は70年に食用ハーベスターが導入されて以降，食用，加工用馬鈴しょが拡大した．70年当時は農家戸数20戸で，畑作専業，畑酪，酪農専業経営が混在していたが，その後経営転換や酪農団地への移転入植などによって2000年には，農家戸数15戸の畑作専業集落となっている．詳しくは前掲小林［2001］を

参照のこと．
12) 共同収穫体系は，80年代中頃になると，ほぼすべて夫婦2人による個別作業体系へと移行した．
13) OEM生産に関しては，産業組織論や主体間関係論からの接近がある．たとえば，高橋正郎・斎藤修［2002］を参照のこと．
14) 士幌町農協の「制度貯金」とは，以下5種類の貯金のことを指す．①「備荒貯金」…農産物販売代金の5％を積み立てるもの．②「営農自賄い貯金」…年間に必要な営農経費と同額の貯金を積み立てるもの．③「家計貯金」…年間に必要な家計費と同額の貯金を積み立てるもの．④「年金貯金」…60歳まで積立をおこなうもので，最も高い金利がついている．⑤「据置貯金」…職員の給与の5％を積み立てるもの．

終章　あらたな協同にむけて

1. 現段階における加工用馬鈴しょの生産流通構造

　対象とした3事例の体制を比較してみよう．図6は図0-1の概念図に事例を対応させて概念的に整理したものである．農民，農民組織（農協）の機能分担に注目して区分すると，芽室町は生産過程，更別村は生産〜原料貯蔵過程，士幌町は生産〜製品貯蔵過程というようになる．

　表6とも併せて各事例の特徴を整理してみよう．これによると，芽室町の特徴は生産過程を中心とした対応となっている点である．加工資本への専属出荷組合として生産組合が組織され，生産組合毎（品種毎）に出荷先が決まっている．生産組合を経由して農家が直接加工資本と契約を結んでおり，農協の役割は基本的には連絡調整機能にとどまっている．原料の収穫，集荷計画および貯蔵もカルビーポテトによって担われており，農協が所有している倉庫は経費負担を含めて実質的にカルビーポテトの専属的利用になっている．カルビーポテトは買い入れた原料を親会社のカルビー以外にも多元的に販売している．最近になって農協としても多元販売への取り組みを始めており，新品種を導入することによって加工事業や独自販売を開始している．

　更別村農協は生産，流通過程において対応をしている．地域内にはカルビーポテト向け出荷，更別食品向け出荷，農協共販向け出荷があり，農家には複数の出荷先が確保されている．カルビーポテト向けは，カルビーポテトの所有する倉庫へ出荷される．農協は倉庫を所有しているが，カルビーポテト

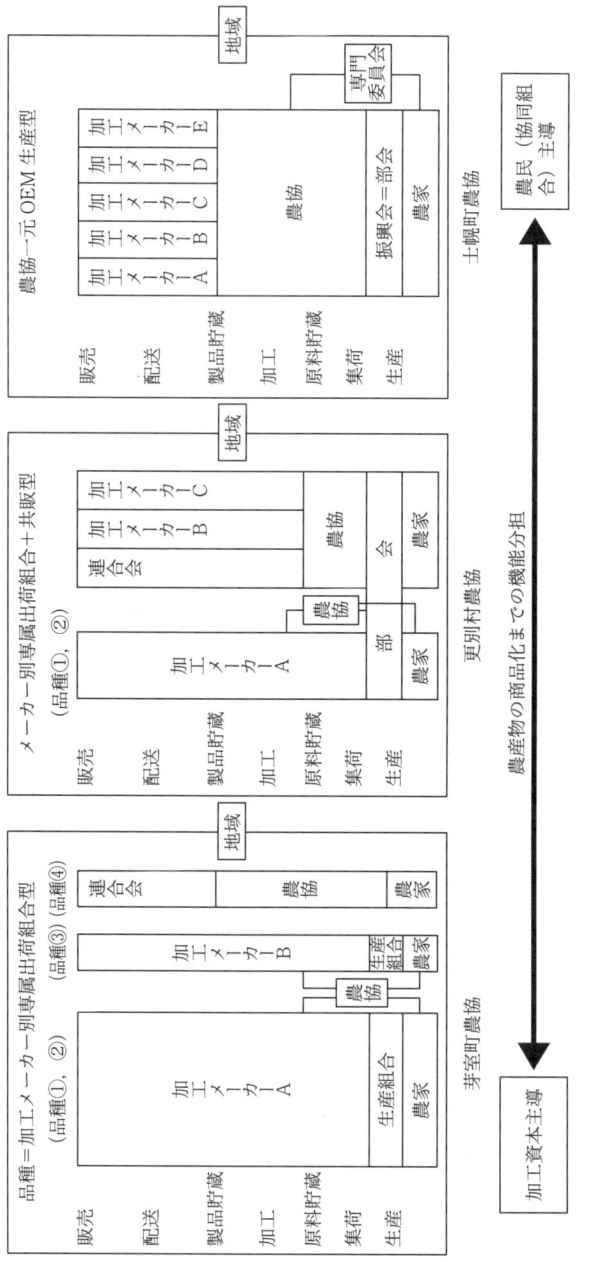

図 6 事例 3 農協の特徴と位置づけ

へのみ出荷している農家からも倉庫料を徴収している．

士幌町農協は生産，流通，加工過程において対応している．農協加工事業がもつ限界を，原料集荷範囲の地域外への拡大，大手食品メーカーとのOEM生産による販路確保と技術の習得，消費地への原料貯蔵施設や加工施設の整備，制度貯金による資金調達，事業を通じた組合員への収益還元，などによって克服してきた．そして加工事業を軸とした多元販売を実現している．

2. 原料供給体制の形成論理

ここまで実証的に明らかにしてきた加工用馬鈴しょをめぐる農民，農協，加工資本との関係を元にして，原料供給体制の形成論理について整理してみよう．

十勝における加工用馬鈴しょ調達はスポット的に始まったが，産地に貯蔵施設を建設し（1977年芽室町，1978年更別村，1979年帯広川西），農家に生産組合を組織させて契約栽培を開始したことから本格的に展開した．その方式は芽室町と更別村で異なる点はなかった．

加工用馬鈴しょ拡大期においては，芽室町は安定，良質な原料供給が可能であるという有利性から契約栽培による主産地として展開していくことになる．一方更別村は自然的経営的条件（低生産性，大規模経営による澱原用主体の農業構造）などに規定されて，芽室町のように契約栽培による加工用馬鈴しょ生産農家が地域全体に拡大することはなかった．この時期の展開は加工資本の主導による「原料調達体制」の形成過程であったが，加工資本と農家の利害は一致したため組織的に調整すべき問題は発生せず，農協が主体性を発揮して「原料供給体制」を形成する必要性は低かった．一方士幌町は，高度な原料保管技術や流通施設の整備などによって農協が共販体制をとりながら加工資本への「原料供給体制」を形成してきた．そして農協自ら加工事業にも取り組みOEM生産をおこなうことで加工資本の事業展開を支えると

表6 事例農協における原料供給体制の特徴

	芽　室	更　別	士　幌
農協・農民の担う機能	生産過程	生産，流通過程	生産，流通，加工過程
農協の機能	生産組合とカルビーポテトとの連絡調整．	原料馬鈴しょの多元販売．	OEMを基本とした加工事業による多元販売．
農業構造	労働力としては脆弱化(高齢化)，土地利用の粗放化が見られる．さらに馬鈴しょの技術水準(反収，品質)にバラツキ．	澱原用馬鈴しょ地帯．大規模層で均質な農家層．	均質な農業構造を政策的に維持，後継者も比較的確保．しかし馬鈴しょの過作による品質問題が顕在化．
生産者組織・農協組織	出荷先毎に生産組合．カルビーポテト向け加工用馬鈴しょ担当職員は少ない．	生産部会．営農部農産課．	生産者は専門委員会と振興会，各種協議会．農協は経済課，農工課，北海道フーズという巨大組織．
貯　蔵	農協倉庫をカルビーポテトに専属貸付．	農協倉庫とカルビーポテトの倉庫でそれぞれ貯蔵．カルビーポテト出荷生産者からも農協倉庫の手数料徴収．	農協倉庫により農協が貯蔵．
販売先	カルビーポテトのみ．	系統共販，更別食品，カルビーポテト．	大手加工メーカー中心に数社．
販売方法	契約．	共販と契約栽培．	共販．
需給調整機能	カルビーポテトが担当．それに加えて受入制限．受入品種少ない．	多元販売による対応．	農協が需給情勢にあわせて販売計画．多品種作付による作付誘導．

同時に，農協が主体性を発揮ながら原料供給体制（農協加工事業）を整備してきた．

それが停滞期に入ると，それぞれの地域に変化が生じた．芽室町はすでに地域全体が契約栽培という加工資本による「原料調達体制」に組み込まれていたため，その体制は変化せずに，生産組合の組織的対応は品質向上への取り組みという方向で進展した．更別村では地域条件に規定されて品質の向上に地域全体として対応することが困難であったため，契約条件が厳しくなるにつれて出荷農家の選別が進んだ．こうした段階において農協が独自に加工用馬鈴しょの販路を確保していたことが功を奏し，契約栽培をおこなわない農家に対しても販路を確保して多元共販をおこない，農協主導による原料供給体制を形成してきたのである．

そして再編期では，加工資本から派生した原料調達子会社が停滞期からお

終章　あらたな協同にむけて

こなってきた多元販売に加え自ら加工事業も開始して，その性格を変化させている．また契約が個別農家単位でおこなわれるという方向に変化してきており，農民の組織的対応が制限されている．芽室町農協は連絡調整機能から脱却し新品種の導入による多元販売や加工事業などに着手している．この時期により主体的に対応したのが士幌町である．加工資本の販売戦略に沿って消費地立地型工場を建設する一方，大手食品メーカーとの受託加工を軸とした多元販売を実現し，生産者に利益を還元している．

　加工資本の展開に対応した農協による原料供給体制は，資本および農民側それぞれの規定要因によって形成される．資本の側の規定要因としては市場の発展段階と資本間の競争を基礎においた加工資本の事業戦略である．農民の側の規定要因としては農協による地域農業振興の歴史や，自然的条件に規定された生産力を基盤にした産地間競争である．

　社会的，自然的条件の優劣は，技術発展や経済環境の変化によって時代的に変化するものである．本書で取り上げた事例でも，更別村や士幌町は，かつては畑作地帯としては自然的・社会的条件の不利な地域であった．したがって，原料供給体制には最終的な到達点というものはない．時代によって変化する社会的，自然的条件のもとで，それぞれの地域の条件に規定されながら生産者が主体的に形成していく，その主体性の発揮こそが重要なのである．つまり，本書で取り上げた各事例は，図6において，加工資本主導から農民主導へと，またはその逆へと一定の方向へ進んでいく展開論理ではない．加工資本との関係で，農民がいかに主体性を発揮しながら自らの原料供給体制を構築していくのか，ということが重要なのである．

　これまで分析してきた加工資本に対する農民および農協の対応を，国家および資本との関係も含めて整理をしてみよう．北海道農業は原料供給地として古くから製糖業，製粉業などの加工資本との関係を結んできた．それらは，戦前からの大手資本に系譜を持ち，戦後になって政策的に復興されたものであり，価格支持政策や流通政策など国との関係の深い産業であった．しかし本書で主対象としたスナック菓子産業は，戦後の中小企業に系譜を持ち政策

支援ではなく自主的な展開を遂げたのであり，国との関係は農協を事業主体とした流通施設の整備など限定的であった．資本間の競争は，中小企業から展開したカルビーが早期に大手としての地位を確立し，輸入依存による大手資本の進出との競争は限定的であった．

しかし，現在は市場の飽和とともに輸入製品の増加がみられ，かつ生馬鈴しょの輸入解禁に向けた動きもみられる．国際的競争下で，資本は海外進出に向けた取り組みを開始するなど，収益確保のために流動性を発揮しつつある．そのため農民に正当な価値を実現するには生産者は単なる原料供給からの転換が求められている．

商業資本を前提とした共販論の研究では，主産地を形成し協同組合を組織することで，卸売市場を経由して農民的商品化を成し遂げるということに主眼がおかれてきた．しかし現在は，流通過程における対応のみでは適正な価値を実現することは困難であり，さらに農業における加工資本の影響はますます高まっている．したがって，共販の機能を流通過程から拡大して加工過程も射程に入れる必要がある．共販論は，資本主導によって進む市場再編に対してとりうる，農民的な対応の可能性に焦点を当ててきた．そうした問題意識を踏まえるならば，農民が加工資本と協力，競争しながら，原料供給体制を構築する，それにむけた「自主性・主体性」を確保するための，実証的研究の蓄積が必要であろう．

3. 協同関係の構築にむけて

農業のグローバル化の進展，農産物価格の低迷による農家所得の低下といった現状に対し，農民が主体性を発揮しながらいかに対応していくのか，それが現在の原料供給体制に求められる課題である．

農業のグローバリゼーションが進展するなかで，アグリビジネスは自らに有利な環境を求めて国境を自由に移動することが指摘されている．しかし，加工資本の原料調達子会社として設立されたカルビーポテトは，親会社が原

料調達・製造拠点を海外へ移動させているのに対して，自らの存続をかけて様々な取り組みをおこなっている．一部海外への工場進出も図っているが，基本的には築いてきた集出荷施設やフィールドマンといった固有の資源を国内で有効活用するという方向であろう．

このことは流動性が強調される加工資本においても，特定の地域において経済活動をおこなう過程で地域と固着した資源を残す可能性があるということである．実際にも80年代後半から経済構造調整下の厳しい競争をへて，加工資本は自らの資本力などとの関連で，海外進出を果たし低コスト生産を志向するものと，地域に根ざし国産・地場の原料を使うことで安全・安心な製品を志向するものと二極化の傾向が見られている．

図0-1に示したように生産者自らが組織的に加工過程を担うことは，より大きな付加価値を農民にもたらす可能性がある．実際の事例からも士幌町農協では，製造過程により発生する付加価値を農協が獲得し，それを様々な形で組合員に還元している．しかしそれにはリスクがともなう．士幌町農協は，加工用馬鈴しょ需要の拡大期において，積極的に施設投資をおこない事業展開をしてきた．需要拡大に対応した施設投資という拡大する経済への対応である．しかし，現在加工用馬鈴しょ市場は停滞傾向にある．そうした中で農協が新たに施設投資をおこない加工事業に取り組んだとしても，投資に見合うリターンを得られる可能性は低い．それよりもリスクが大きくなるであろう．

農協の原料供給体制は地域農業と密接な関係にある．今後の展開においては，地域との結びつきをもつ加工資本と積極的に協同関係を構築することが重要であろう．農協は生産基盤と密接に結びついており，生産技術指導を通じて原料品質の向上といった機能を果たすことができる．一方，食品産業は加工施設および販売のノウハウをもっているが，生産者への技術指導，支援などにまで対応することは困難である[1]．

まずは生産者，農協，加工資本が，ともに製品の製造者として意見交換をする場を設定することが必要ではないか．国内原料のみでは，豊凶の差から

くる原料の不足は免れない．そうした不足を契機として食品産業が輸入原料を使い始め，その後輸入依存が恒常化するという傾向が近年見られている．一方，生産者も価格条件によっては加工用から生食市場へと仕向けを変更するという対応がみられる．こうした双方の対応は，短期的には利益をもたらすが，長期的な協同関係を構築することはできない．生産者も食品業者もともに一定の地域を基盤として存立しているのであり，両者は特定の地域を基盤として，ともに支え合うという運命共同体である．

　また，現在，農産物の産地偽装や原材料の不正表示が大きな社会問題となっており，消費者の信頼を得るために様々なシステムの整備が進められている．しかし「疑うこと」を前提として形成されるシステムがもたらすものは，際限なき監視システムの強化と不信感の増幅でしかないのではないか．加工原料は多数の生産者から集荷された原料が利用され，そこに様々な副資材が投入されることによって生産される．そこに関係するすべての原料について，履歴，安全性を保証することは，作業上は可能かもしれないが，実質的にどの程度まで信頼できるであろうか．そこに「疑念」の入り込む余地はいくらでもある．こうしたシステムが果たして生産，加工，消費の流れを安心と安全でつなぐシステムとして機能するのであろうか．

　生産者，食品業者，消費者が「疑うこと」を前提とした監視システムではなく，「信頼感」によって結ばれたシステムを構築することが必要なのではないか．様々な課題を協議の中から発見し，解決に向けてともに取り組んでいくような，長期的な協同関係の構築が必要である．

　　注
1)　北海道商工労働観光部食品工業課が1997年に行った調査「食品加工原料の安定的確保にむけた方策」によると，道内の野菜缶詰・農産保存食品・調理冷凍食品製造業者（アンケート送付84社のうち回収は47社であった）のなかで，生産者への指導援助等をおこなっているのは，かぼちゃ，スイートコーンを扱っている一部業者が，種苗の配布や栽培技術指導をおこなっているに過ぎない．

引用・参考文献

相川哲夫［1977］「農協活動の部落的基礎」『農林金融』1997年4月，農林中央金庫調査部，19-222頁．
浅間和夫［1992］『おもしろジャガイモ専科』TAKAプロダクション．
浅見淳之［1989］『農業経営・産地発展論』大明堂．
安東寛［1976］「冷凍食品産業の現状と今後の方向」『農林金融』第29巻9号，592-599頁．
飯澤理一郎［1984］「農畜産加工業展開の現段階的特徴―北海道を対象として―」湯沢誠編『北海道農業論』日本経済評論社，385-406頁．
飯澤理一郎［1990］「加工農産物の市場構造」臼井晋・宮崎宏編『現代の農業市場』ミネルヴァ書房，228-242頁．
飯澤理一郎［2001a］「加工食品市場の展開と食品工業」三國英実・来間泰男編『日本農業の再編と市場問題』講座今日の食料・農業市場Ⅳ，筑波書房．
飯澤理一郎［2001b］『農産加工業の展開構造』筑波書房．
飯澤理一郎・玉真之介・美土路知之［1983］「加工食品市場の展開と加工資本」美土路達雄監修『現代農産物市場論』あゆみ出版，311-342頁．
石井寛治［1972］『日本蚕糸業史分析』東京大学産業経済研究叢書，東京大学出版会．
石井啓雄［1980］「士幌町農業とリース制農場」農政調査委員会『日本の農業―あすへの歩み―』127号．
磯田宏［1986］「「農民的商品化構造」としての農協共販の現代的課題をめぐって」農産物市場研究会編『農産物市場研究』第22号，筑波書房，42-53頁．
磯田宏［2001］『アメリカのアグリフードビジネス』日本経済評論社．
磯田宏［2002］「アグリビジネスの農業支配は可能か―「工業化・グローバル化」視角からのアプローチ」矢口芳生編著『農業経済の分析視角を問う』農林統計協会，31-69頁．
磯辺俊彦・斎藤仁・玉城哲監修［1979］『総合討論　むらと農協』日本経済評論社．
板橋衛［1993］「農協生産部会の展開とその背景」『農経論叢』北海道大学農学部紀要別冊第49集，177-195頁．
板橋衛［1995］『遠隔野菜産地における農協生産部会の発展論理』北海道大学農学部農業経済学専攻学位請求論文．
板橋衛［1995］「北海道における農協生産部会の組織と機能」『農経論叢』北海道大学農学部紀要別冊第51集，129-140頁．
伊東勇夫［1960］『現代日本協同組合論』御茶の水書房．

伊藤俊夫編［1958］『北海道における資本と農業』日本農業の全貌叢書3，農業総合研究所.

井野隆一［1996］『戦後日本農業史』新日本出版社.

今田鉄郎編［1978］『土と人と』士幌町農民組織結成30周年記念誌，士幌町農民組織結成30周年記念協賛会，全士幌町農民連盟.

宇佐美繁［1983］「戦後の北海道農業論」湯沢誠編『北海道農業論』日本経済評論社，53-74頁.

臼井晋［1977］「農産物市場の再編成と加工資本」川村琢他編著『農産物市場の再編過程』農産物市場論体系2，農山漁村文化協会，245-267頁.

大江靖雄［1991］「畑作経営の集約化方策とその展開条件」『北海道農試経営研究資料』第60号，農林水産省北海道農業試験場，16-28頁.

大江靖雄［1993］『持続的土地利用の経済分析―畑作農業の展開と作付行動―』農林統計協会.

太田原高昭［1976］「農民的複合経営の意義と展望」川村琢・湯沢誠編『現代農業と市場問題』北海道大学図書刊行会，515-547頁.

太田原高昭［1977］「農民的生産力の形成」川村琢他編著『農産物市場問題の展望』農産物市場論体系3，農山漁村文化協会，161-192頁.

太田原高昭［1979］『地域農業と農協』日本経済評論社.

太田原高昭［1983］「北海道農民の政治意識―戦後35年の軌跡―」湯沢誠編『北海道農業論』日本経済評論社，179-198頁.

太田原高昭［1990］「産地形成と農業協同組合」臼井晋・宮崎宏編『現代の農業市場』ミネルヴァ書房，266-278頁.

太田原高昭［1992］『北海道農業の思想像』北海道大学図書刊行会.

大沼盛男編著［2002］『北海道産業史』北海道大学図書刊行会.

大山信義［1988］『鶴が消えた村―北海道の社会形成試論』道新選書12，北海道新聞社.

岡田知弘［1998］「日本の農業・食料政策の転換とアグリビジネス」『アグリビジネス論』有斐閣ブックス，195-210頁.

奥谷松治［1969］『協同組合と共同経営』御茶の水書房.

帯広川西農協50年，開拓100年史編集委員会［1999］『帯広川西農協50年史―開拓100年―』帯広川西農業協同組合.

オンノフランク・ファン・ベックム他［2000］小楠湊監訳『EUの農協　21世紀への展望』家の光協会.

梶浦福督氏70年の歩み刊行委員会［1986］『土豪列進　梶浦福督』.

柏雅之［2002］『条件不利地域再生の論理と政策』農林統計協会.

金沢夏樹［1999］『個と社会―農民の近代を問う―』富民協会.

株式会社北海道フーズ［2003］『農民工場30年の足跡』北海道フーズ創立30周年記念誌.

川村琢［1960］『農産物の商品化構造』三笠書房．
川村琢［1971］『主産地形成と商業資本』北海道大学図書刊行会．
川村琢［1976］「現代農業と市場」川村琢・湯沢誠編『現代農業と市場問題』北海道大学図書刊行会，1-14頁．
木島実［1999］「加工食品企業の多角化とブランド戦略」日本大学生物資源科学部食品経済学科『食品経済研究』第27号，41-52頁．
岸康彦［1996］『食と農の戦後史』日本経済新聞社．
暉峻衆三編［1996］『日本農業100年のあゆみ　資本主義の展開と農業問題』有斐閣ブックス．
木原久［1977］「部落の変容と農協」『農林金融』4月，農林中央金庫調査部，2-3頁．
倉内宗一［1970］「インテグレーションと小農経営」『農林統計調査』通巻235号，8-11頁．
クリストファー・D・メレット，ノーマン・ワルツァー編著［2003］村田武，磯田宏監訳『アメリカ新世代農協の挑戦』家の光協会．
黒河功編著［1997］『地域農業再編下における支援システムのあり方』農林統計協会．
グローバー, D & K. クラスター［1992］中野一新監訳『アグリビジネスと契約農業』大月書店．
黒柳俊雄編著［1997］『開発と自立の地域戦略　北海道活性化への道』中央経済社．
桑原正信編［1973］『農協の食品加工事業』家の光協会
桑原正信監修［1974］『農協運動の理論的基礎』現代農業協同組合論第1巻
小林国之［1999］「家畜ふん尿の地域内利用への支援―北海道畑酪混合地帯を対象として―」日本農業経済学会『日本農業経済学会論文集』1999年，354-357頁．
小林国之［2001a］「農協加工事業の特質と経営構造」『農経論叢』北海道大学農学部紀要別冊第57集，31-43頁．
小林国之［2001b］「畑作地帯における生産・加工施設を起点とした農協事業展開」全国農業協同組合中央会編『協同組合奨励研究報告』第27輯，家の光出版総合サービス，80-111頁．
小林国之［2001c］「農業中核地帯における農協事業の展開と経営構造」地域農林経済学会『農林業問題研究』第36巻第4号，86-91頁．
小林国之［2002］「大規模畑作地帯における農協堆肥製造事業の背景と意義―北海道更別村農協を事例に―」『農経論叢』北海道大学農学部紀要別冊第58集，71-84頁．
小林一［1977］「混同経営の形態分化に関する一考察」『農経論叢』北海道大学農学部紀要別冊第33集，107-128頁．
小林一［1979］「畑作経営における作付方式の成立過程」『農経論叢』北海道大学農学部紀要別冊第35集，33-57頁．
斎藤仁［1977］「農村協同組合の組織基盤としての村落」東京農業大学農業経済学会『農村研究』第44号，13-21頁．

坂下明彦［1991a］「北海道の農業集落形成の特質と類型」牛山敬二・七戸長生編著『経済構造調整下の北海道農業』, 129-137頁.

坂下明彦［1991b］「「開発型」農協の総合的事業展開とその背景」牛山敬二・七戸長生編著『経済構造調整下の北海道農業』, 207-216頁.

坂下明彦［1992］『中農層形成の論理と形態―北海道型産業組合の形成基盤―』御茶の水書房.

坂下明彦・田渕直子［1995］『農協生産指導事業の地域的展開―北海道生産連史―』北海道協同組合通信社.

崎浦誠治［1958］『農業生産力構造論―北海道農業展開の実証的研究―』養賢堂.

崎浦誠治［1959］「北海道農法の現段階」北海道大学農経會『農經會論叢』第15集, 99-107頁.

佐々木隆［1977］「生産組織における経営体的性格の形成について」『農林業問題研究』第13巻第4号, 17-24頁.

札幌学院大学人文学部編［1986］『北海道の農業と農民』［公開講座］北海道文化論, 札幌学院大学人文学部学会

佐藤治雄［1964］「加工原料果実の流通とその変化（上）（下）」『協同組合経営研究月報』133号, 134号, 協同組合経営研究所

更別村農業協同組合［1978］『農協三十年の歩み』.

更別村農業協同組合［1989］『40年史』.

更別村農業協同組合［1998］『五十年史』.

志賀永一［1994］『地域農業の発展と生産者組織』農林統計協会.

七戸長生［1983］「最近における北海道畑作の特徴的動向―「畑作基本統計表」を素材にして―」湯沢誠編『北海道農業論』日本経済評論社, 327-348頁.

七戸長生他［1990］「特集国際化時代の寒冷地畑作を考える」『北農』第57巻第3号, 5-35頁.

士幌町史編纂委員会［1992］『続士幌のあゆみ』.

士幌町農業協同組合［1977］『組合40年のあゆみ』.

士幌町農業協同組合［2003］『士幌農協70年の検証―農村ユートピアを求めて―』.

島一春［1983］『北の炎　太田寛一』家の光協会.

島田克美［1998］『企業間システム　日米欧の戦略と構造』日本経済評論社.

清水隆房［2000］「カット野菜製造企業の製品分担と系列化」日本大学生物資源科学部食品経済学科『食品経済研究』第28号, 3-23頁.

清水徹朗［2001］「食料消費構造の変化と食品産業の展開」『農林金融』9月号.

シュルツ, L.P. & L.M. ダフト編［1996］小西孝蔵・中嶋康博監訳『アメリカのフードシステム』日本経済評論社.

白石正彦［1995］「農産物加工の現段階的特性と農協の展開方向」三国英美編『食料流通再編と問われる協同組合』筑波書房, 133-152頁.

陣内義人［1989］七戸長生・陣内義人編『人間と自然の生産力』食糧・農業問題全集

農山漁村文化協会.
鈴木愛徳［1976］「畑作経営単純化の条件と限界」『畑作農業における経営変動と営農集団の組織構造』北農試農業経営部研究資料，第42号，北海道農業試験場，36-48頁.
鈴木文熹［1971］「独占資本の農業進出の基礎と小農制克服の課題（上・中・下）」『労働農民運動』9月号，10月号，11月号.
鈴木文熹編著［1990］『地域づくりと協同組合』青木書店.
鈴木文熹［1968］「再編すすむ食品工業資本(1)～(13)」『農林統計調査』18巻1号～19巻6号.
戦後北海道農民運動史編纂委員会編［1968］『戦後北海道農民運動史』全北海道農民連盟.
勢雄開基八十周年記念実行委員会［1984］『勢雄開基八十周年記念誌』.
大正農業協同組合［1980］『大正農協三十年史』.
高島克義［1998］「店頭基点のマーケティング　カルビーの成長」嶋口充輝・竹内弘高・片平秀貴・石井淳蔵編『マーケティング革新の時代④　営業・流通革新』有斐閣，319-337頁.
高橋五郎［1993］『生産農協への論理構造　土地所有のポストモダン』日本経済評論社.
高橋正郎編著［1997］『フードシステム学の世界　食と食糧供給のパラダイム』農林統計協会.
高橋正郎・斎藤修編［2002］『フードシステム学の理論と体系』フードシステム学全集第1巻，農林統計協会.
武内哲夫・太田原高昭［1986］永田恵十郎・今村奈良臣編『明日の農協』農山漁村文化協会.
竹中久二雄・白石正彦編著［1985］『地域農業の発展と農協加工（理論編）』時潮社.
竹中久二雄・白石正彦編著［1985］『地域農業の発展と農協加工（実態編）』時潮社.
田代洋一［1998］『食料主権　21世紀の農政課題』日本経済評論社.
立川雅司［2003］『遺伝子組換え作物と穀物フードシステムの新展開―農業・食料社会学的アプローチ―』農文協.
立花隆［1980］『農協　巨大な挑戦』朝日新聞社.
田中稔［1976］『畑作農法の原理』農山漁村文化協会.
谷本一志［1989］「生産調整下における農地移動」北海道農業研究会『北海道農業』No.9，28-34頁.
田畑保［1986］『北海道の農村社会』日本経済評論社.
田渕直子［1987］「遠隔野菜産地形成と農協―北海道富良野農協の事例分析―」『農経論叢』北海道大学農学部紀要別冊第43集，143-165頁.
玉井康之［1991］「再編集落の運営と技術の高位平準化」牛山敬二・七戸長生編著『経済構造調整下の北海道農業』北海道大学図書刊行会，150-160頁.

玉真之介・坂下明彦［1983］「北海道農法の成立過程」高倉新一郎監修『北海道の研究』第6巻近・現代篇II, 43-85頁.

町制20年史編纂委員会［1981］『士幌のあゆみ』.

天間征［1980］『離農　その後, かれらはどうなったか』NHKブックス, 日本放送出版協会

土井時久［1997］「馬鈴しょ需要と流通機構の変化に対する生産主体の対応」高橋正郎編著『フードシステム学の世界　食と食糧供給のパラダイム』農林統計協会.

土井時久・伊藤繁・澤田学［1995］『農産物価格政策と北海道畑作』北海道大学図書刊行会.

十勝農業協同組合連合会［1978］『十勝農協連三十年誌』.

十勝農業協同組合連合会［1999］『十勝農協連50年誌』.

豊頃町農業協同組合・豊頃町農業共済組合・豊頃町農政協議会［1999］『50年史』.

長尾正克［1983］「畑作農業の確立に関する経営学的研究」北海道十勝農業試験場『北海道立農業試験場報告』第47号.

長尾正克［1991a］「畑作農業における地域複合化」中澤功編『家族経営の経営戦略と発展方向』北農会, 75-87頁.

長尾正克［1991b］「畑作の機械化段階と作付け体系」七戸長生・牛山敬二『経済構造調整課の北海道農業』北大図書刊行会, 247-261頁.

長尾正克［2002］「士幌町農協馬鈴しょコンビナート・システムの展開過程に関する研究」『釧路公立大学地域研究』第11号.

長沢憲正［1970］「工業化する農業」『農林統計調査』通巻232号, 7-9頁.

中野一新［1998］「食糧調達体制の世界的統合と多国籍アグリビジネス」中野一新編『アグリビジネス論』有斐閣ブックス, 1-14頁.

中野一新・杉山道雄編［2001］『グローバリゼーションと国際農業市場』講座今日の食料・農業市場I, 筑波書房

中野和仁他［1957］『北海道農業生産力の諸問題』農林省大臣官房寒冷地農業振興対策室.

中原准一［1990］「畑作物の市場構造」臼井晋・宮崎宏編『現代の農業市場』ミネルヴァ書房, 211-227頁.

西村正一［1977］「特集衰退作物の価格政策を考える　雑穀・豆類の価格政策を考える」『農業と経済』第43巻第8号, 33-38頁.

日本村落研究学会編［2000］『日本農村の「20世紀システム」―生産力主義を超えて―』年報村落社会研究第36集, 農山漁村文化協会.

農政史研究会編［1976］『戦後北海道農政史』農文協.

農政調査委員会［1970］『青果物の契約栽培』日本の農業―あすへの歩み―68.

農政調査委員会［1999］『農業の工業化は不可避である』のびゆく農業894.

久野秀二［2002］『アグリビジネスと遺伝子組換え作物』日本経済評論社.

平石学［2002］「十勝における大規模畑作経営の展開過程と経営成果」北海道農業経

済学会『北海道農業経済研究』第10巻第2号, 58-70頁.
平石学［2003］「機械費からみた畑作経営における規模拡大の経済性　十勝地域を対象に」日本農業経営学会『農業経営研究』41(2)（通号117），80-85頁.
平石学［2005］「畑作地帯における大規模経営の構造と展開条件に関する実証的研究」北海道立農業試験場報告第106号.
保志恂［1975］「日本農業再生産構造の地帯構成（I）―北海道型の基礎的考察―」東京農業大学農業経済学会『農村研究』第40号, 101-109頁.
保志恂［1976］「東アジア稲作農法の発展論理に関する一考察」東京農業大学農業経済学会『農村研究』第43号, 1-12頁.
保志恂［1976］「日本農業再生産構造の地帯構成（II）―北海道型の階層構成―」東京農業大学農業経済学会『農村研究』第42号, 11-26頁.
保志恂［1977］「零細農耕の形成過程」東京農業大学農業経済学会『農村研究』第45号, 24-33頁.
保志恂［1981］『日本農業構造の課題』御茶の水書房.
北海道農協50年史編さん委員会［1998］『北海道農協50年史　本史編』.
北海道農業研究会［1989］「転換期大規模畑作の構造問題」『北海道農業』No. 9.
北海道農業構造研究会編［1986］『北海道農業の切断面―その構造と特質―』.
北海道農業試験研究推進会議事務局［1984］「北海道十勝内陸地域における高位地域農業複合化推進研究」『地域農業複合化推進試験研究結果報告書（高位複合化研究）』.
北海道農業試験場［1978］「畑作経営における小麦作の意義と役割」『北農試農業経営研究資料』第47号, 農林水産省北海道農業試験場.
本別町農業協同組合［1999］『農協五十年の歩み』本別町農業協同組合.
松尾幹之［1975］「食品関連産業と食糧政策」日本農業経済学会『農業経済研究』第47巻第2号, 岩波書店, 79-83頁.
三浦賢治［1984］『総合農協の存立構造に関する研究』農協論研究叢書Ⅰ, 農協論研究会.
三国英美［1976］「農産物市場の再編成過程―農産物流通・加工過程を中心にして―」川村琢・湯沢誠編『現代農業と市場問題』北海道大学図書刊行会, 189-224頁.
三国英美［1984］「農民主体の変化と協同組合」川村琢監修『現代資本主義と市場―第1次産業部門からの接近―』ミネルヴァ書房, 142-157頁.
三国英美編著［2000］『地域づくりと農協改革』農山漁村文化協会.
三島徳三［1977］「「農民的商品化論」の形成と展望―「主産地形成＝共同販売」論の系譜を中心に―」川村琢他編著『農産物市場問題の展望』農産物市場論体系3, 農山漁村文化協会, 193-230頁.
三島徳三［1992］「「過剰」下の畑作物市場と価格・市場政策」牛山敬二・七戸長生編著『経済構造調整下の北海道農業』北海道大学図書刊行会, 44-55頁.
三島徳三［2000］「農政転換と農産物価格政策」村田武・三島徳三『農政転換と価

格・所得政策』講座今日の食料・農業市場II, 筑波書房, 121-148頁.
御園喜博 [1963]『蚕糸業の経済構造—商業的農業の構造分析・第1部—』明文書房.
御園喜博 [1966]『農産物市場論』東京大学出版会.
美土路達雄 [1977]「加工資本の展開と農産物市場」川村琢他編著『農産物市場の形成と展開』農産物市場論体系1, 農山漁村文化協会, 121-172頁.
美土路達雄 [1977]「アメリカ農産物市場とその帝国主義的再編」川村琢他編著『農産物市場の再編過程』農産物市場論体系2, 農山漁村文化協会, 345-396頁.
宮崎宏・早川治 [1984]「畜産関連市場とインテグレーション」川村琢監修『現代資本主義と市場—第1次産業部門からの接近—』ミネルヴァ書房, 181-204頁.
三輪昌男 [1968]『協同組合の基礎理論』時潮社.
美土路知之 [1984]「輸入圧下のスイートコーン缶詰業の動向」湯沢誠編『北海道農業論』日本経済評論社, 407-423頁.
美土路知之・三田保正 [1984]「食品産業と原料農産物市場」川村琢監修『現代資本主義と市場—第1次産業部門からの接近—』ミネルヴァ書房.
芽室町農業協同組合 [1999]『創立50周年記念史 絆』.
持田恵三 [1996]『世界経済と農業問題』白桃書房.
矢島武・桃野作次郎他 [1962]「農業法人と協同組合」農政調査委員会『日本の農業—あすへの歩み—』14.
柳村俊介 [1991]「現段階の集落再編の性格」牛山敬二・七戸長生編著『経済構造調整下の北海道農業』北海道大学図書刊行会, 138-150頁.
柳村俊介 [1992]『農村集落再編の研究』日本経済評論社.
山尾政博 [1981]「北海道における『組合員勘定制度』の成立と展開」『農経論叢』北海道大学農学部紀要別冊第37集, 105-128頁.
山倉健嗣 [1993]『組織間関係 企業間ネットワークの変革に向けて』有斐閣.
山田定市 [1976]「日本資本主義の再生産構造と農業」川村琢・湯沢誠編『現代農業と市場問題』北海道大学図書刊行会, 107-146頁.
山本修 [1967]「市場構造の変化と協同組合の経営的性格の変質」関西農業経済学会編『農林業問題研究』第3巻第4号, 富民協会, 11-18頁.
湯沢誠他 [1967] 北海道農業経済学会編『北海道農業の現段階』北農研究シリーズI, 北農会.
湯沢誠・三島徳三編 [1982]『農畜産物市場の統計的分析』農林統計協会.
吉田忠 [1971]「インテグレーションと巨大商社の農業進出」湯沢誠編『農産物市場論II』昭和後期農業問題論集⑬, 農山漁村文化協会.
和田照男 [1978]「生産構造論的農業経営学の展開」金沢夏樹編『農業経営学の体系』農業経営学講座I, 地球社, 152-185頁.
渡辺克司 [1995]『大規模畑作地帯における野菜導入と農協の役割—十勝管内豊頃町のダイコンの産地形成を対象に—』東畑四郎記念研究奨励事業報告18.

あとがき

　本書のタイトルは「農協と加工資本」とした．農業において加工分野の役割が高まっているなかで，農業と加工資本はどのようなかかわり方をするのか，農業は資本に対してどのような対応をとるのだろうか，その原理を農業・農民サイドの組織的対応に焦点を当てながら明らかにする本書の狙いを表そうとしたものである．

　タイトルの前者を「農協」とした意図はこうである．資本による農業の包摂への対抗論理として共販論は提起されてきたが，本書ではそうした共販論の提示したスタンスを継承しながらも，グローバル化する加工資本に対する農民の自主的主体的対応のあり方を見いだしてみたいという狙いがあった．それを加工資本主導による原料の「調達」体制に対応させて，原料「供給」体制としてとらえてみようとした．それを体現しているものとして農協を把握して分析をおこなった．

　一方後者の「加工資本」に関しては，読者に不満をあたえてしまっただろうと恐縮している．すでに承知の通り本書では加工資本それ自体を直接の研究対象とはしていない．食品産業自体の調査には様々な困難がともない，筆者の力不足によってそれを行うことができなかった．その代わり，というわけではないが，加工資本の原料調達，生産者による原料の供給体制という，加工資本と農業との接点の部分に焦点を当てて分析をおこなっている．それによって加工資本にもある程度迫ることができたのではないかと考えている．

　農協を主対象として研究されてきた農民による資本への対抗としての共販論をベースとして，農業においてますます活動の場を拡大している加工資本との切り結びの論理を明らかにしたい．本書の目的をシンボリックにいうの

なら「農協と加工資本」の「と」の部分にあるといえるのではないか．

　一方，本書のもう1つの狙いは十勝農業論である．6～7年前よりしばしば十勝に足を運ぶ機会を得た．日本の中で規模の大きさや専業農家数の多さなどからいって独特の地位を占める北海道農業にあっても，十勝農業はさらに独特なある種固有の「語感」をもつといえよう．大型機械体系や経営規模といった外見的な特徴のみではない十勝農業のもつ性格を，明らかにしたいという思いが高まっていった．巨大な十勝農業にいかに組み付くか，その糸口となったのがジャガイモ，なかでも加工用のそれである．北海道農業において，加工資本との関係は無視できない重要な要因である．そのことは古くから指摘されていたが，既存の研究では製糖業，乳業が主対象とされてきた．加工用ジャガイモの生産，流通に関する研究はあまりなされてこなかったが，政府管掌作物ではない自由市場作物である加工用馬鈴しょをめぐる生産者，農協，加工資本との関係は，十勝農業の形成に重要な影響を及ぼしてきた．それらの行動論理を追跡することで，いままでにはない十勝農業の姿を示すことができたのではないかと思っている．このように農業と加工資本との関係を特定の地域を対象として分析したことによって，概念化された資本ではない生身の姿に迫ることができると考えられる．そうすることで農民による具体的組織的な対応方向も見通すことが可能になるのであろう．

　なお，余談になるが本書の副題にはジャガイモと表記したが，本文中では一般になじみのあると思われるこの用語ではなく，行政資料や統計などで広範に使用されている馬鈴しょ（署ではなく「しょ」）という用語をもちいている．

　原料供給体制の形成論理と十勝農業論という2つの狙いを十分達成できたかはわからない．しかし2つの狙いを通じて，資本と農業の関係といういわば縦糸と，地域農業という横糸がどのような文様を織りなすのか，ということをある程度は実証的に明らかにできたのではないかと思う．これは，農業のグローバル化のもとで，アグリビジネスと地域農業との関係を考えていく上で重要な視点ではないか．グローバル化する資本が農業へもたらす影響と，

あとがき　　　　　　　　　　　　　　199

それに対する農民の対応，これらを明らかにするためには地域農業の持つ自然的，社会的条件とそれら規定された地域の「個性」を基礎において考えることが必要だと考えられるからである．加工用馬鈴しょと北海道十勝地域を対象とした本書の成果を敷衍すると，こうした枠組みを描けるのではないかと考えている．この枠組みは未だ粗雑であり批判検討の余地があろうかと思うが，今後さらに研究を重ねていきたいと考えている．また，本書では原料供給・調達体制の変遷過程といういわば川上から，加工資本本体の行動原理を覗くにすぎなかったため，それ自体の分析はほぼ手つかずのまま残されてしまった．今後に残された課題は大きいと思われるが，それに取り組むためにも読者の皆様からの忌憚ないご意見をお願い申し上げる．

　本書は学位請求論文「原料供給体制の形成論理と加工資本」（北海道大学）に加筆・補正を加えたものである．学位論文の指導・審査にあたり太田原高昭先生（北海学園大学教授，北海道大学名誉教授），坂下明彦先生（北海道大学教授），朴紅先生（北海道大学助教授）には多くの有益なご指導をいただき，心より感謝申し上げます．また，副査をお引き受けいただきました三島徳三先生（北海道大学教授）をはじめ，北海道大学大学院農学研究科農業経済学講座の諸先生，諸兄，協同組合学研究室の山内哲人氏，小山良太氏をはじめ皆様には，たくさんのご教示とご助言をいただきここに記して感謝の意を表します．
　また，本書に関する調査に際して，北海道農業研究会や士幌町農協記念誌事業などの様々な調査の機会に恵まれました．芽室町農協富田明雄氏，貫田康秀氏，村井範彰氏をはじめ職員の皆様，芽室町加工馬鈴しょ生産組合組合長松永敏男氏には，突然の調査をお願いした電話から始まり，出版にいたるまでに多くの時間と労力をさいて調査にご協力頂きました．更別村農協影山敏司氏，安村敏博氏，馬淵政明氏をはじめ職員の皆様および若園栄一氏，石野幸雄氏をはじめ農家の皆様には筆者が北海道大学大学院農学研究科の修士課程の時から，様々な形で協力をいただいてきました．本書執筆にあたっても古い資料を農協の倉庫の奥から引っ張り出してきて頂いたり，農家の方が

大切に保管されてきた資料を見せて頂きました．なかには戦後の農地改革の内容を知らせるために農家に配布されたチラシまでありました．士幌町農協向井察光氏をはじめ職員の皆様および農家の皆様には，士幌農協の70周年記念誌「士幌農協70年の検証」に関するプロジェクトを契機として，記念誌の完成後も大変お世話になりました．本書が「巨大な挑戦」を続ける士幌町農協の実像にある程度迫ることができているならば，それは何よりも皆様のご協力のおかげです．また，記念誌作成にあたり士幌農協研究会に参加する機会を与えて頂いた北海道協同組合通信社社長岩船修氏，研究会メンバーの札幌大学教授長尾正克先生，北海道大学助教授志賀永一先生，元士幌町農協土屋公美氏に感謝申し上げます．ホクレン農業協同組合連合会，十勝農業協同組合連合会，北海道十勝支庁の関係者の皆様にも大変お世話になりました．

すべての皆様のお名前をあげることはできませんが，現場の方々からいただいた忌憚のないご意見，惜しみないご協力に対しましてここにあらためて記して感謝申し上げます．

本書の出版に向けた具体的な構想，執筆は日本学術振興会特別研究員として在籍している酪農学園大学教授柳村俊介先生の下で行いました．恵まれた研究環境を準備していただいた関係者各位にも改めて感謝申し上げます．また，出版を引き受けていただいた日本経済評論社栗原哲也社長および清達二氏にも心よりお礼申し上げます．

学位請求論文の骨格については，「食品産業の展開と原料供給体制の形成論理」（北海道農業経済学会「北海道農業経済研究」第12巻第1号，2004）で整理をしているので，そちらも参照していただければ幸いである．

今回の出版にあたり，学位論文執筆・提出後の新たな動向等を加えるために若干の補筆をおこなった．なお，事例とした3町村のうち，士幌町に関しては以下の論文をもとにしている（ただし，大幅に加筆，修正をおこなっている）．

第5章「農協加工事業の特質と経営構造─士幌町農協を事例として─」，農

経論叢，第 57 集，2001 年，31-44 頁．

　なお，本書の基幹的部分は学位請求論文をもとにしているが，加筆・修正にあたっては文部科学省科学研究費補助金特別研究員奨励費「グローバル経済下における食の安全保障と加工資本による原料調達システムに関する研究」（2004～06 年度）からの補助を受けた研究によっている．

　今回の刊行に際しては，社団法人北海道地域農業研究所平成 16 年度出版助成事業より助成をいただいた．出版を認めていただいた北海道地域農業研究所の皆様，審査委員の皆様，事務局をして頂きました専任研究員山下正治氏に感謝申し上げます．

　最後に，長期に及ぶ学生生活を物心両面から支えてくれ，かつ不規則な生活を許容してくれた家族，常に勇気を与えてくれた祖父母，そのほか私を取り囲んでくれている愛すべきすべての人々に満腔の謝意を表します．

索　引

【欧文】

OEM 生産　93, 159, 172
P&G　44

【あ行】

アグリビジネス　1
　　──論　7
味の素　21, 159
いも作り 75 運動　84, 130
インセンティブ
　　比重──　108
　　支部──　112
　　工場使用時──　115, 160
　　JIT──　116
営農貯金　127
江崎グリコ　41
大塚化学　38
帯広大正農協　131

【か行】

買取　62
開発型農協　56
加工事業　91, 119
加工資本　3, 10
加工用原料馬鈴薯生産組合　137
加工向け青果物　48
加工用馬鈴しょ　2
加ト吉　31
カルビー　41, 83, 159
カルビーポテト　83, 102, 137, 139
基本法農政の優等生　56, 94
協同組合　166, 168
共販論　6, 7, 167
クノール食品　157
組合員勘定制度（クミカン）　71, 103

黒いも　128
契約栽培　8, 50, 157
原原種農場　86
ケンコーマヨネーズ　93
原種圃　88
原料供給体制　2, 10, 104, 139, 183
原料調達　50
　　──体制　183
湖池屋　43, 154
コイケヤカラムーチョ　45
コバルト照射センター　154
小麦　62
近藤康男　166

【さ行】

採種圃　88
雑穀統制　150
更別食品　83, 133
更別排水土功組合　126
産業連関表　17
産地立地型工場　63
ジェイエイめむろフーズ　119
ジャガイモ　15
じゃがりこ　47, 104
熟成たい肥施設　149
消費地加工　93, 157
食品開発研究所　157
植物防疫法　86
食料品製造業　20
白いも　128
仁丹食品　31
シンプロット　38
スナック菓子　40
スノーデン　101
生産部会　72, 138
制度貯金　173

索引

戦後再編第1期　20
戦後再編第2期　21
戦後再編第3期　21
戦後段階形成期　20
専属出荷組合　104, 114
専門委員会　173, 175
ソイルコンディショニング　121

【た行】

ダイエー　154
男爵　15
地域農業　10
地区農協運営協力委員会　164
チップスター　44
チップスレッテン　47
チューネン圏　57, 79
地力問題　55
澱原用馬鈴しょ　2, 64
てん菜　64
でん粉工場　64, 150
　　合理化──　64, 148, 152
でん粉成金　151
投機的農業　55
糖分取引　131
十勝農業協同組合連合会（十勝農協連）
　　69, 85
十勝馬匹組合　85

【な行】

肉牛（肥育）センター　149, 170
ニチレイ　34, 159
日魯水産（ニチロ）　31, 133
日本コカコーラ　154
日本水産　30
ネットワーク　63
　　JA──十勝　69
農業の工業化　1, 8
農業の装置化　5
農業のシステム化　5
農業インテグレーション　5
農協インテグレーション　95

農業市場論　4
農協の経営主義　56, 94
農事実行組合　70, 138
農村工業　148
農民的商品化　6
農民的複合経営　7
農林1号　123
農林省十勝馬鈴しょ原原種圃場　86

【は行】

パイオニアフーズ　104
葉捲病　86
馬鈴しょ市場構造　24
馬鈴しょ輸入自由化　26
馬鈴しょ
　　冷凍──　27
馬鈴しょコンビナート　148, 153
馬鈴薯施設運営協議会　153
ピーラー検査　160
ファブリケートポテト　40, 43
フィールドマン　108
フードシステム論　9
プラザ合意　90
プリングルス　47
ホクレン　83, 89, 159
北海道アミー　83
北海道農業会帯広支所　85
北海道馬鈴しょ原種圃設置運営要領　86
北海道馬鈴しょ採種組合連合会　86
北海道馬鈴しょ生産販売取締条例　86
北海道フーズ　90, 153, 158
ポテトシューストリング　40
ポテトチップ　40, 43, 77
ポテトフーズ　157

【ま行】

マチルダ　101, 120
豆成金　151
豆類　61
御園喜博　4, 167
南十勝合理化でん粉工場　129

南十勝農産加工農業協同組合連合会（南工連）　67
明治製菓　41, 43, 154
メークイン　131
　──生産組合　133
芽室町加工馬鈴しょ生産組合　104
芽室町北海コガネ生産組合　104
森永製菓　41

【や行】

ヤマザキナビスコ　44

【ら行】

冷凍食品　3, 30, 77
　調理──　32
連帯出荷誓約　71
連帯保証人制度　71
ロータリーヒラー　121
ロッテ商事　41

著者紹介

小林 国之（こばやし くにゆき）

1975年北海道に生まれる．97年北海道大学農学部卒．2003年同大学大学院博士課程修了．博士（農学）．その後，北海道大学大学院農学研究科研究員，北星学園大学非常勤講師を経て，現在，日本学術振興会特別研究員（2004-07年）として酪農学園大学酪農学部に所属．

農協と加工資本
――ジャガイモをめぐる攻防――

2005年4月28日 第1刷発行

定価（本体3500円＋税）

著 者 小 林 国 之
発行者 栗 原 哲 也
発行所 株式会社 日本経済評論社
〒101-0051 東京都千代田区神田神保町3-2
電話 03-3230-1661 FAX 03-3265-2993
振替 00130-3-157198

装丁・渡辺美和子　　中央印刷・協栄製本

落丁本・乱丁本はお取替えいたします　　Printed in Japan
© KOBAYASHI Kuniyuki 2005
ISBN4-8188-1774-0

R〈日本複写権センター委託出版物〉
本書の全部または一部を無断で複写複製（コピー）することは，著作権法上での例外を除き，禁じられています．本書からの複写を希望される場合は，日本複写権センター（03-3401-2382）にご連絡ください．

辻村英之著
コーヒーと南北問題
―「キリマンジャロ」のフードシステム―
1570-5 C3033　　　A5判 269頁 4200円

一次産品の価格はなぜ生産者に不利なのか。「キリマンジャロ」コーヒーの生産から日本の消費までの事例分析，多様な理論の検討によって，貧困緩和やフェア・トレード等を視野に解明。

中嶋康博著
食品安全問題の経済分析
1579-9 C3033　　　A5判 240頁 4200円

食の信頼をどう取り戻すか。最も身近で日々口にする食べ物の安全・安心はどのように守られているのか。変わる食生活，深化したフードシステム，現代の食品安全対策のあり方を経済学から考える。

柳村俊介編
現代日本農業の継承問題
―経営継承と地域農業―
1537-3 C3033　　　A5判 406頁 5800円

次世代の日本農業をどのように展望するか。内外の環境や条件が激変する中で，地域資源・社会と不可分な農業経営の継承を多様な事例を通じて分析する継承問題の本格的研究。

小山良太著
競走馬産業の形成と協同組合
1591-8 C3033　　　A5判 220頁 3500円

国際競争下の地域産業の存立は可能か。競走馬産業の集積地・日高は国際化・馬産不況に晒される一方，産業構造転換とクラスター化を図っている。農協の新たな役割とは何か。

田渕直子著
ボランタリズムと農協
―高齢者福祉事業の開く扉―
1469-5 C3033　　　A5判 196頁 2600円

古い非営利組織はボランタリズムでよみがえる。NPO論を踏まえ，介護保険対応の新事業を創るプロセスを活写。未活用のモノ，ヒトとりわけ出番のなかった女性パワーが，組織を変える。

シリーズ・現代農業の深層を探る〈全5冊〉

矢口芳生著
①WTO体制下の日本農業
―「環境と貿易」の在り方を探る―
1410-5 C3333　　　A5判 254頁 3300円

農業の自由貿易化，市場指向型への大きな変化の中で，持続可能な農業，安全性や自給率向上，農村の振興のあり方など農業，農政の方向を提示。

長濱健一郎著
②地域資源管理の主体形成
―「集落」新生への条件を探る―
1498-9 C3333　　　A5判 214頁 3000円

グローバリゼーションの波の中で，安全な食料供給，地域環境，国土保全をどうするのか。「地域資源」活用の条件とその管理主体の再構築を軸に考察する。

後藤光蔵著
③都市農地の市民的利用
―成熟社会の「農」を探る―
1480-6 C3333　　　A5判 214頁 3000円

高地価圧力の下で減少し続ける都市農地。成熟社会における住民の「農」への回帰。それを追い風に都市で農業を続けようと努力する農業者。様々な取り組みを通して都市農業・農地を考える。

冬木勝仁著
④グローバリゼーション下のコメ・ビジネス
―流通の再編方向を探る―
1476-8 C3333　　　A5判 228頁 3000円

規制が大幅に緩和され，巨大なビジネスになったコメ。しのぎを削る資本，業者。流通に関わる主体の動向に力点をおきつつ，世界市場と繋がったコメ・ビジネスの展開と米流通のあり方を考察。

大山利男著
⑤有機食品システムの国際的検証
―食の信頼構築の可能性を探る―
1477-6 C3333　　　A5判 210頁 3000円

「有機」はどこまで進化しているのか。本格的な産業化のステップに踏み出している欧米の状況と展開方向を明らかにするとともに，わが国も含めた有機食品システムの課題を検討する。

表示価格に消費税は含まれておりません